Kurt Kotrschal

DER WOLF UND WIR

Gewidmet dem Wolfsforschungszentrum (WSC) und der Veterinärmedizinischen Universität Wien, die mit der Übernahme des WSC dessen langfristige Existenz sicherte.

Kurt Kotrschal

DER WOLF UND WIR

Wie aus ihm unser erstes Haustier wurde – und warum seine Rückkehr Chancen bietet

Brandstätter

Inhalt

Wölfe und Menschen sind „Kooperationstiere" – tatsächlich ist kein anderes Tier uns Menschen ähnlicher. Unsere altsteinzeitlichen Vorfahren jagten und lebten wie die Wölfe in kooperativen Familienclans. Zahme Wölfe waren offenbar das andere Ich dieser eiszeitlichen Jäger, ganz ähnlich, wie es heute die Hunde für die modernen Menschen sind. Im Zusammenleben mit den Menschen entstanden rasch aus Wölfen Hunde – eine evolutionär enorm erfolgreiche Strategie!

Dass wir heute viel mehr als noch vor zehn Jahren wissen, ist auch der Arbeit mit gleichartig aufgezogenen Wölfen und Hunden am Wolfsforschungszentrum geschuldet. Die nette Kooperationsbereitschaft der Hunde entpuppte sich als altes Wolfserbe, welches aber an die menschlichen Bedürfnisse angepasst wurde. Daher „ticken" Hunde etwas anders als Wölfe.

Je mehr Menschen in Städten leben, desto mehr Hunde halten sie. Das ist auch gut so, denn das Leben mit Hunden fördert die optimale Entwicklung von Kindern und schützt sie vor psychischen Problemen im Erwachsenenalter. Hunde helfen dabei, geerdet, gesund und psychisch stabil zu bleiben – nicht zu unterschätzen in den stressigen Zeiten der Klima-, Biodiversitäts- und Pandemiekrisen.

Immer mehr Leute erkennen die Notwendigkeit der ökologischen Wende. Dazu gehört nicht zuletzt ein neues Verhältnis zu Wolf und Natur. Während die Wölfe eine respektvolle Naturbeziehung einmahnen, begleiten und unterstützen uns die Hunde in diesem allzu interessanten Zeitenwandel.

Warum es dieses Buch braucht

Manche meinen zornesrot oder von Angstschweiß nass, die Wölfe würden nun wieder Europa „überfluten“. Eine Mehrheit der Menschen in den deutschsprachigen Ländern und anderswo begrüßt allerdings die Rückkehr der großen Beutegreifer, einschließlich des Wolfs. Als 2012 mein Buch *Wolf – Hund – Mensch* erschien, war für die erste Kategorie von Leuten die Welt noch in Ordnung – zumindest was die Wölfe betrifft. Das änderte sich, als in den darauffolgenden Jahren in Deutschland, Italien, Frankreich und anderen Ländern Europas die Wolfspopulationen kräftig zulegten und auch immer mehr Wölfe nach Österreich einwanderten. Für viele war dies als gute Nachricht ein Hoffnungsschimmer unter den Hiobsbotschaften des ökologischen Niedergangs, die täglich auf uns einprasseln. Der Wolf ist zurückgekehrt, um zu bleiben. Mit ihm kam eine stürmische, konfliktträchtige Debatte, auch um das zweifelhafte Menschenrecht, die Natur nach Gutdünken bis an die Grenzen auszubeuten.

In diesem vergangenen Jahrzehnt hat sich viel getan, nicht nur bezüglich der Wölfe in der freien Natur unserer Kulturlandschaften, sondern auch in der Grundlagenforschung zu Wölfen, Hunden und Menschen – beispielsweise am Wolfsforschungszentrum im niederösterreichischen Ernstbrunn. Es entstand ein neues Fundament, um unsere alten Beziehungskisten zu Wolf und Hund besser zu verstehen. Denn Wölfe sind nicht so, wie viele Leute glauben; Hunde übrigens auch nicht, und Menschen schon gar nicht – aber das ist wieder eine andere Geschichte, die ich in *Mensch – woher wir kommen, wer wir sind, wohin wir gehen* (2019) näher beleuchtet habe.

Angesichts der stürmischen Entwicklungen rund um die Wölfe im Freiland und aufgrund neu gewonnenen Wissens in der Wolf-

Hund-Forschung erschien es weder sinnvoll noch möglich, meinen Wolf-Hund-Mensch-Text von 2012 bloß zu überarbeiten. Darum habe ich mich im Einverständnis mit den Freundinnen und Freunden vom Brandstätter Verlag dazu entschlossen, ein völlig neues Buch zum Thema zu schreiben. Das führte auch zu einer veränderten Gewichtung der Inhalte.

Der Fokus dieses neuen Buches liegt nun stärker auf den Wölfen und ihrer Rückkehr, ohne aber auszublenden, welche Rolle sie als Partner unserer Jäger-und-Sammler-Vorfahren spielten. Daraus entwickelt sich die vielfältige und große Bedeutung von Wolf und Hund in den menschlichen Kulturen. Die neuen Erkenntnisse zu den Unterschieden zwischen Wölfen und Hunden erlauben ein besseres Verständnis der Hunde als unsere besten Freunde und Partner – aber auch der Wölfe. Es lichten sich die Nebel um die immer noch bestehenden Missverständnisse und Fehlinformationen.

Der Wolf und wir schlägt einen weiten Bogen von der aktuellen Erregung um die Rückkehr der Wölfe über die immer schon große Bedeutung von Wölfen und Hunden für die Menschen und die neuesten Erkenntnisse zu den Hunden zurück zu den Wölfen. Ein Kreis der Zusammenhänge also, der auch begreifen lässt, warum ein Leben ohne wild lebende Wölfe zwar möglich, aber nicht erstrebenswert ist. Schon lange ist bekannt, dass ein Leben ohne Hunde zwar möglich, aber nicht sinnvoll ist. Auch das soll hier nochmals neu begründet werden.

Kapitel 1

Wölfe, Hunde und Menschen – eine lange Beziehungsgeschichte

Ein sehr persönlicher Beginn

Die Maiennacht ist so schwarz wie die vier einjährigen Wölfe um mich herum. Ich kann sie fühlen, nicht aber sehen oder hören – denn Wölfe sind Schleicher. Der große Rüde Aragorn liegt mit mir in Körperkontakt, die anderen, Kaspar, Shima und Tayanita, halten dagegen beim Schlafen gerne etwas Abstand. Ich bin weder verrückt noch versuche ich, mich als Alphawolf des Rudels zu profilieren. Vielmehr hatten wir unser eben gegründetes Wolfsforschungszentrum (WSC) im Mai 2009 mit Sack und Pack vom oberösterreichischen Almtal in den niederösterreichischen Wildpark Ernstbrunn übersiedelt. Da Wölfe vorsichtige Tiere sind, könnten sie in einer ihnen unbekannten Umgebung scheu bis panisch reagieren. Um sie durch meine Anwesenheit zu beruhigen, teilte ich daher die ersten drei Nächte mit ihnen das Lager im neuen Gehege. Ein Jahr zuvor waren diese ersten Wölfe des WSC von Friederike

Range, Zsofia Viranyi und mir handaufgezogen worden. Dadurch wurden wir zu Partnern mit starker wechselseitiger Bindung.

Ich schlief ganz gut im Stroh des Wolfsunterstands, obwohl die unruhigen vierbeinigen Geister das gemeinsame Nachtlager immer wieder verließen. Es verunsicherte mich, Aragorn nicht mehr an meinem Rücken zu spüren, zumal Kaspar, der später so verlässliche Rudelchef, als Halbstarker noch etwas „verhaltensoriginell" war. Aber Aragorn kam wieder, ebenso geräuschlos, wie er gegangen war. Ich fühlte seinen mächtigen Kopf auf meinem Oberschenkel – samt der Wirbelsäule eines Rehs. Die Knochen knackten zwischen seinen starken Kiefern. Da ich nicht wusste, ob er mich an seinem Essen tolerieren würde, lag ich zunächst ganz regungslos – nur nicht den Eindruck erwecken, ich wolle ihm seinen Leckerbissen streitig machen! Niemals nehmen wir unseren Wölfen oder Hunden einfach etwas weg. Falls nötig, wie etwa im Falle eines stibitzten Handys (Aragorn war ein Technikfreak), versuchen wir allenfalls den Austausch gegen ein gutes Stück Futter.

Als weiteres Prinzip lassen wir uns nie auf vermeidbare Konflikte ein. Theoretisch. Praktisch lag ein 50 Kilogramm schwerer Wolf auf mir, dessen Brechschere gerade Rehknochen zermalmt. Musste er das ausgerechnet auf mir machen? Nach einem Weilchen wurde es unbequem, ich drehte mich langsam zur Seite, aber Aragorn mampfte kommentarlos weiter. Schließlich begann ich seinen Kopf zu kraulen und die Rehwirbelsäule anzufassen, um deren mir unbequeme Lage zu verändern. Er knurrte nicht einmal, als meine Finger zwischen seinen Lefzen sondierten, um zu fühlen, welche seiner gewaltigen Backenzähne er zum Knacken der Wirbelsäule einsetzte. Ich nahm es als Beleg tiefen Vertrauens zwischen uns. Und wachte in der feuchten Morgendämmerung unter einem Apfelbaum auf, eingebettet zwischen friedlich schlummernden Wölfen.

Die vorangegangenen Absätze bleiben die einzige Textanleihe aus meinem Buch *Wolf – Hund – Mensch* von 2012; die Szene berührt mich heute noch, zumal ich sehr traurig darüber bin, dass uns bereits alle vier unserer schwarzen Pionierwölfe verließen, zuletzt Kaspar im August 2021. Sie begleiteten als engste Gefährten den Aufbau des WSC. Seit damals übernachteten wir übrigens nicht mehr mit unseren Wölfen und betreten die Gehege nicht mehr allein. Trotz tiefen wechselseitigen Vertrauens gaben wir uns strenge Sicherheitsregeln. „Better safe than sorry", wie man in den USA so treffend sagt. Wir lebten und arbeiteten lange, intensive Jahre mit unseren Wölfen und Hunden, oft in engem Körperkontakt, wie es in der sozialen Natur der Säugetiere Wolf, Hund und Mensch liegt. Es tut gut, ihnen nahe zu sein, Nase und Finger in das Fell eines vertrauten Wolfes zu stecken (so er sich nicht gerade in Übelriechendem gewälzt hat). Es beglückt, einander tief in die Augen zu schauen, Einverständnis für eine gemeinsame Unternehmung herzustellen, sei es ein Leinenspaziergang oder ein geistig fordernder Verhaltenstest. Gerne lassen wir uns durch die bedachtsame Ruhe der selbstbewussten Wölfe anstecken – und erfreuen uns an der wuseligen Geschäftigkeit und manchen Schrullen unserer Hunde.

Meine Beziehung zu Wölfen entsprang der wissenschaftlichen Neugierde, wurde aber rasch persönlich, was selbst in der Wissenschaft nicht „falsch" sein muss. Man versucht uns zuweilen als „Wolfsschmuser" lächerlich zu machen, wohl um unsere Kompetenz und die Relevanz unserer Arbeit herunterzumachen. Dies misslingt allein schon angesichts unserer hochklassig publizierten Forschungsergebnisse. Differenziertes Wissen zum Wesen der

Wölfe erwirbt man im sozialen Umgang, nicht aber indem man sie aus der Ferne beobachtet oder gar auf sie schießt. Wie auch in diesem Buch zum Ausdruck kommen soll, sind solche sozialen Nahebeziehungen nicht zwangsläufig der Tod der Objektivität in einer sentimentalen „Affenliebe".

Im Gegenteil: Es schadet nicht, auch mental nachvollziehen zu können, welche enorme Bereicherung unsere altsteinzeitlichen Vorfahren durch ihre ersten zahmen Wölfe erfahren haben mögen. Sie fanden in einem anderen Tier ihr Du, welches uns bis heute in Form der Hunde begleitet. Wer Wölfen und Hunden in Vergleichsuntersuchungen gerecht werden will, muss sie aufziehen, mit ihnen leben und arbeiten. Der Pionier der Verhaltensforschung Konrad Lorenz war ein großer Verfechter dieser Methode; er erwarb sein enzyklopädisches Wissen, indem er über sein langes Leben eine Unzahl von Vogel- und Säugetierarten handaufzog. In einer solchen Elternrolle lernten wir, die Welt ein Stück weit wie Wolf oder Hund zu sehen, und entwickelten jene Intuition, die in der Wissenschaft weiterhilft, wenn der reine Verstand nicht mehr ausreicht. Daraus entstehen spannende Forschungsfragen im sicheren Gefühl dafür, was man den vierbeinigen Partnern zumuten kann und was nicht. Zudem lehren sie uns jenen Respekt, der den klugen, kooperativen und anpassungsfähigen Wölfen, aber auch den uns so zugetanen Hunden zusteht; zumal sie in vielerlei Beziehung viel menschenähnlicher „ticken", als die meisten Leute immer noch anzunehmen bereit sind.

Manche unserer Wölfe schienen sich ihrer physischen Überlegenheit bewusst zu sein; aber nur ganz selten deuteten sie dies uns gegenüber an. Weil wir sie aufzogen, sind wir als Säugetiere mittels identischer sozialer, neuronaler und hormoneller Mechanismen aneinander gebunden – etwa so, wie Kinder an ihre Eltern. Solange man als Bindungspartner durch respektvollen Umgang auf Augenhöhe dafür sorgt, dass die Liebe der Wölfe nicht in Hass umschlägt, bleibt die Beziehung freundlich, friedlich und vertrauensvoll. Ich bin mir sehr sicher, dass uns die Wölfe und Hunde nicht als ihresgleichen oder Mitglieder ihrer Rudel betrachten. Vielmehr sind wir Sozialgefährten, die ihren Alltag mit vielen schönen gemeinsamen Unternehmungen bereichern. Nicht als Artgenossen, sondern als Menschen eben, auf die man sich erstaunlich gut einstellen kann, mit denen man aber keine Auseinandersetzungen um Rang und Bedeutung führen muss. Solche wertvollen Freunde hütet man als Wolf, und nützt es auch dann nicht aus, wenn sie gelegentlich schwächeln.

Dass Wölfe aber auch anders können, zeigt ein grausiger Vorfall im schwedischen Zoo Kolmården, von dem in diesem Buch noch zu lesen sein wird. Nein, Wölfe und andere Tiere sind nicht „unberechenbar", sondern sehr verlässlich im Umgang, wenn man sie gut kennt und respektiert. Menschen fallen überwiegend anderen Menschen zum Opfer, und nur in geringem Ausmaß mehr oder weniger wilden Tieren. Der Mensch bleibt des Menschen gefährlichster Wolf.

Das Bild der Wölfe in der Öffentlichkeit

Seit der Altsteinzeit sind Wölfe Aufreger und Hingucker – sonst hätten wir heute keine Hunde. Ob man Wölfe respektiert, sie fürchtet, liebt oder hasst, hängt von der eigenen Erfahrung, den Erzählungen in Familie und Gesellschaft und dem Wissen über sie ab. Die meisten Menschen kennen Wölfe nur vom Hörensagen. Es scheint, als würden im Zeitalter der digitalen Echokammern alte

Märchen, Aberglaube und gezielte Fehlinformation mehr denn je das Bild vom Wolf verzerren. Eine entspannte Mehrheit der Bevölkerung Europas sieht den Wolf zwar als schützenswerten Teil des Ökosystems – aber ähnlich wie beim Thema Corona machen extreme Minderheiten die öffentliche Diskussion über Wölfe zur dissonanten Kakophonie. Manche überhöhen die Wölfe als magische Tiere mit besonderen Eigenschaften geradezu esoterisch, von anderen wiederum werden sie immer noch gefürchtet, gehasst und verfolgt. Wider besseres Wissen, aber Wissen hat nicht nur in Sachen Wolf einen schweren Stand gegen Emotionen und Vorurteile. Ärgerlich, denn nicht Aberglaube und Desinformation werden die Probleme der Weidetierhalter lösen. Ein konfliktarmes Zusammenleben mit Wölfen, wie auch mit den anderen großen Beutegreifern Bär, Luchs und Goldschakal, kann nur auf Basis von Wissen und Vernunft gelingen – oder eben gar nicht.

Während die meisten Europäer über reichlich Erfahrung mit Hunden verfügen, kann man Personen, die Wölfe gut kennen, weil sie über Jahre mit ihnen lebten und arbeiteten, an den Fingern weniger Hände abzählen. Das sollte auch so bleiben, denn sehr im Gegensatz zu den Hunden eignen sich Wölfe in unserer technisierten Welt nicht als private Sozialkumpane. Und die wild lebenden Wölfe sollte man im Interesse eines möglichst problemlosen Zusammenlebens ohnehin in Ruhe lassen. Das ist andererseits schade, denn es liegt in der menschlichen Natur, Ambivalenz gegenüber dem zu entwickeln, was man nicht kennt. Das trifft auch auf Wölfe zu. Wie man aus dem Artenschutz weiß, schützen und respektieren Menschen, was sie kennen und lieben. Wölfe muss man nicht lieben, aber man kann sich im Zeitalter der medial-digitalen Aufklärung (die es neben der medial-digitalen Verdummung gottlob immer noch gibt), mittels öffentlich-rechtlicher Medien und des immer

Shima

Drei der vier ersten Wölfe des Wolfsforschungszentrum (WSC): Die Welpen stammen aus dem südsteirischen Tierpark Herberstein und wurden 2008 im oberösterreichischen Cumberland-Wildpark von Friederike Range, Zsofia Viranyi und Kurt Kotrschal handaufgezogen. Das WSC übersiedelte im Frühjahr 2009 in den Wildpark Ernstbrunn in Niederösterreich.

1.+4. Die ersten Wolfswelpen des Wolfsforschungszentrums, Kaspar, Aragorn, Shima und Tayanita, im Alter von etwa zwölf Wochen mit der Eurasierhündin Bolita. Sie wurden 2008 im Cumberland-Wildpark Grünau aufgezogen.

2.+3. Rechts oben und links unten: Kurt Kotrschal mit Aragorn (rechts oben) im Winter 2008 in Grünau und 13 Jahre später mit Tala und Chitto in Ernstbrunn. Nicht nur das Fell der Wölfe wurde heller ...

noch existierenden Qualitätsjournalismus einfacher als je zuvor an zuverlässigen Nachrichtenquellen bedienen, um sich einigermaßen objektiv und gründlich über Wölfe und auch Hunde zu informieren – wenn man denn will.

Tatsächlich ist das Thema Wolf in aller Munde und in allen Medien. In der lokalen Berichterstattung widerspiegelt sich vor allem der Unmut einer betroffenen und teils lauten Minderheit. Verständlich, sind doch Almbauern und andere Weidetierhalter bisher auch ganz gut ohne Wolf und andere große Beutegreifer, wie Bär, Luchs und Goldschakal, ausgekommen. Zudem vergreifen sich Wölfe nicht gerade tierschutzkonform an Schafen und anderen Nutztieren, und so einem Gemetzel fallen meist mehrere Nutztiere zum Opfer. Das bereitet betroffenen Haltern ein wirtschaftliches und psychisches Problem nahezu biblischer Dimension. Obwohl die meisten Schafe ein Lebensende durch Schlachtung erwartet, sind sie für ihre Halter nicht bloß Sache und Kapital. Die meisten leben in einer Art Beziehung zu ihren Tieren, für die sie sich verantwortlich fühlen – und es nach dem Tierschutzgesetz tatsächlich auch sind. Es kommt der Düpierung des „guten Hirten" gleich, wenn sich der „böse Wolf" an dessen Schafen vergreift. Dennoch ist es maßlos übertrieben, den Wolf als Totengräber der Alm- und Weidewirtschaft hinzustellen. Und wenn versucht wird, das Rotkäppchensyndrom wiederzubeleben, indem man Wölfen unterstellt, sie hätten nichts Besseres zu tun, als sich an Pilzesammlern und Kindern zu vergreifen, dann geschieht das meist in der Absicht, die Leute gegen den Wolf aufzubringen. Auch das ist verständlich, bleibt doch die Angst eine der mächtigsten Verbündeten – in der Politik wie auch in der Agitation gegen den Wolf.

Chancen und Konflikte rund um die Wiederkehr der Wölfe

Weniger nachvollziehbar als die Skepsis der Schafshalter ist der Widerstand vieler Jäger gegen die einwandernden Wölfe. Aufgrund eines ökologisch weitgehend dysfunktionalen Wildmanagements durch die Jagd bevölkert ohnehin viel zu viel „Schalenwild“, also Rehe, Hirsche und Wildschweine, die Wälder, Felder und Fluren Mitteleuropas – mit allzeit rekordverdächtigen, immer noch steigenden Wilddichten in den meisten Gegenden Österreichs und Deutschlands. Die Wiederkehr der großen Beutegreifer in Europa, insbesondere der Wölfe, erklärt sich durch einen verbesserten gesetzlichen Schutz, der das Interesse einer großen Mehrheit der Bevölkerung Europas an diesen charismatischen Wildtieren widerspiegelt. Der Hauptgrund für die rasche Rückkehr der Wölfe liegt aber in den aus gesamtökologischer Sicht viel zu hohen Wilddichten. Wenn also manche Jäger mit den Neuankömmlingen Probleme haben, dann sollten sie einmal einen Blick in den Spiegel riskieren, um die eigentlichen Verursacher auszumachen.

Die Schafe gehören den Haltern, das Wild aber nicht den Jägern. Wie der Wolf auch, haben Jäger ein Aneignungsrecht, mehr nicht; auch wenn sie im Zuge ihrer meist überzogenen Bemühungen in der Hege „ihrer“ Rehe und Hirsche schon längst eine Art Nutztierhaltung in der Kulturlandschaft betreiben. Vielleicht entwickeln viele Jäger ja auch deswegen das Gefühl, das Wild zu besitzen, fühlen sich für dessen Wohl verantwortlich und bestimmen gottgleich über dessen Tod – sofern der kapitale Bock nicht auf der Straße überfahren wird, bevor man ihn erlegt. Wie zu Zeiten, als nur der Adel jagen durfte, nehmen viele Jäger die Wölfe immer noch als lästige, schwierig zu kontrollierende Konkurrenten, „Schädlinge“ und „Raubzeug“ wahr, welche die Jagd auf Schalenwild erschweren und die Jagdreviere „entwerten“. Entgegen besserem Wissen sehen viele Jäger die Wölfe noch immer nicht als Verbündete in der Hege von „Niederwild“ oder beim Gesunderhalten der Wildbestände. Dabei können Wölfe das besser als ihre menschlichen Kollegen – wenn man sie denn ließe.

Weil Wölfe manchen Leuten ihr gewohntes Wirtschaften erschweren und die sich darüber laut in den Medien, bei den Behörden und gelegentlich bei der Europäischen Kommission beschweren, wird der Eindruck eines „Wolfsproblems“ vermittelt. Das ist für Österreich geradezu lächerlich, haben es doch die Wölfe im schönen Alpenland aufgrund einer intensiven, so gut wie nicht geahndeten Wildtierkriminalität noch immer nicht geschafft, eine nennenswerte Population aufzubauen; sehr im Gegensatz zu Deutschland und anderen Ländern Mitteleuropas, wo man Artenschutz und Gesetze offenbar ernster nimmt. Ebenso regelmäßig wie bestimmt und gut begründet, schmettern daher die Kommissare und die zuständigen Beamten der EU Beschwerden zum angeblich überzogenen Schutzstatus des Wolfes ab. Es fehlt, insbesondere für Österreich und seine Alpen-Alliierten Südtirol und Bayern, an Verständnis für deren Forderung nach Regulierung oder wolfsfreien Zonen. Aufgrund der noch kaum vorhandenen Wolfspopulationen in diesen Ländern gibt es ja noch gar nichts zu „regulieren“. Laut der für alle Staaten der EU bindenden „Fauna-Flora-Habitat-Richtlinie“ (FFH) müssen die gelisteten Wildtiere – so auch der Wolf – streng geschützt werden, bis im jeweiligen Land ein „günstiger Erhaltungszustand“ erreicht wurde, die Population also groß genug ist, um genügend Reproduktion und vitale, nicht ingezüchtete Nachkommen zu gewährleisten. Dann dürfen sie gegebenenfalls auch bejagt werden. Dieser FFH-konforme Zustand ist derzeit aber für die Wölfe noch nicht einmal in Deutschland erfüllt, geschweige denn in Österreich.

Die großen Beutegreifer als Nagelprobe für die ökologische Wende

Vor allem Rundfunk und TV in Form der Öffentlich-Rechtlichen, teils auch die seriösen Printmedien, bemühen sich merklich um eine ausgewogene Berichterstattung zu den wiederkehrenden Wölfen. Verständlich, liegt dies doch im Interesse ihres Publikums. Denn alle seriösen, also repräsentativen Umfragen – etwa eine Umfrage des Market-Instituts im Auftrag des WWF und eine weitere im Auftrag der Tageszeitung *Kurier*, beide aus 2019 – zeigen, dass etwa 70 Prozent der österreichischen Bevölkerung pro Wolf eingestellt sind. In anderen europäischen Ländern fallen Umfragen meist noch positiver aus, es begrüßen je nach Land bis zu 90 Prozent der Europäer die Rückkehr der Wölfe und anderer Beutegreifer. Das wird immer wieder als die romantische Gefühlsduselei naturferner Städter abgetan, was aber objektiv falsch ist, weil alle diese Umfragen zeigen, dass auch eine Mehrheit der Landbevölkerung diese Wiederkehr befürwortet. Zudem ist der Wolf keinesfalls nur ein Problem, er bietet auch erhebliche Chancen. Die Pro-Argumente drehen sich um seine ökologische Rolle als Förderer der Biodiversität und der Gesunderhaltung der Wildbestände. Nicht zu unterschätzen ist auch die Rolle des Wolfes als Katalysator politischer Debatten in der Gesellschaft zur Nutzung der Landschaft. Diese Debatten hätten schon längst geführt werden müssen. Mit seiner Wiederkehr macht der Wolf das nun möglich und nötig.

Ist die Nutzung aller Ressourcen der Erde ein Privileg des Menschen? Und dürfen/sollen wir alle uns beim Wirtschaften störenden Mitgeschöpfe mit Flinte und Gift beseitigen? Dies führte immerhin dazu, dass heute die Wildtiere weniger als fünf Prozent der Biomasse der landlebenden Wirbeltiere auf der Erde ausmachen; erdrückende 95 Prozent entfallen bereits auf Menschen und ihre Nutztiere. Allein diese Zahlen entlarven das Argument mancher Leute als manipulativen Unsinn, der Artenschutz solle in der Wildnis betrieben werden. Die macht in Österreich gerade noch 0,2 Prozent der Staatsfläche aus, eingebettet in magere 2,6 Prozent als Nationalparke gewidmete Fläche. Daher schützen wir die Wildtiere entweder im Kulturland, also den von uns Menschen land- und forstwirtschaftlich genutzten Flächen, oder wir werden die meisten von ihnen verlieren. Um es gleich vorwegzunehmen – der Wolf ist keine aussterbende Art, aber soll der Artenschutz erst dann einsetzen, wenn eine Art bereits beinahe verschwunden ist? Der Wolf erfüllt als Apex-Prädator wichtige ökologische Funktionen. Damit meint man Beutegreifer an der Spitze der Nahrungspyramide, die das Verhalten ihrer Beutetiere stark beeinflussen und so Ökosysteme prägen. Zudem wurde er zum Symbol, zur echten Nagelprobe, wie ernst es uns ist mit der Umstellung unserer Lebens- und Wirtschaftsstile in Richtung Nachhaltigkeit.

Seit den 1970er-Jahren verringerten sich auf der Welt – Österreich und Deutschland sind keine Ausnahmen – die Vorkommen von Fischen, Amphibien, Reptilien, Insekten, Vögeln und Säugetieren um etwas 70 Prozent, wie im „Living Planet Report" (2020) nachzulesen ist. Das sind Horrorzahlen. Die Lage ist aber noch viel schlimmer, weil um 1970 der Bestand an Wildtieren im Vergleich zum vorindustriellen Zeitalter im Schnitt bereits um mindestens 50 Prozent abgenommen hatte. Es ging aber nicht bloß die Zahl der Individuen zurück. Mit Ausnahme der jagdlich überhegten Arten und einiger Kulturfolger verschwinden die Arten der Wildtiere in schwindelerregendem Tempo. Sie sterben aus, weil wir sie direkt verfolgen oder ihnen durch unsere Aktivitäten den Lebensraum nehmen und damit die Klimakrise verursachen, die wiederum das Aussterben beschleunigt. Die Biodiversität zerrinnt zwischen unseren untätigen Fingern, die aber andererseits sehr gut darin sind, die schlimmste Biodiversitätskrise seit dem Einschlag des Meteoriten vor Yukatan vor 66 Millionen Jahren zu verursachen. Damals starben in kürzester Zeit über 90 Prozent der land- und wasserlebenden Lebewesen aus. Heute geht es in die gleiche Richtung. In ihrer an sich höchst nötigen Fixierung auf die Klimakrise vergessen die Menschen gern, dass sie intakte Ökosysteme zum Überleben brauchen. Wo käme sonst unsere Nahrung, unser Trinkwasser her?

Klima und Biodiversität sind zwei Seiten derselben Medaille. Gescheite Leute und internationale Umweltagenturen meinen, es wäre der beste Schutz für das Klima und unser langfristiges Überleben, den Fokus viel stärker als bisher auf die Biodiversität zu richten. Etwa auf eine Ausweitung der Schutzgebiete, der naturnahen Wälder und Moore auf 30 bis 50 Prozent der weltweiten Landflächen und auf weit über 50 Prozent der Meere. Dies schützt nicht nur die Lebensräume und Arten, sondern sorgt auch für eine Optimierung der CO_2-Fixierung. Vor diesem Hintergrund scheint es völlig aus der Zeit gefallen, das Wolfsproblem einer Minderheit gegen den Willen der Mehrheit mit der Flinte lösen zu wollen. Das ist zudem irrational. Denn man kann Wölfe schon illegal abschießen – und man tut es auch. Aber der nächste Wolf kommt ganz bestimmt, und der wird wieder Nutztiere töten, wenn sich ihre Halter nicht endlich auf ihre Verantwortung besinnen, ihre Weidetiere fachgerecht zu schützen. Natürlich: Wenn die Mehrheit der Bevölkerung das Wildtier Wolf will, kann sie nicht die Minderheit der Betroffenen mit Kosten, Mühen bis zur Bedrohung ihrer Existenz sitzenlassen. Vielmehr ist Artenschutz eine gesamtgesellschaftliche Aufgabe. Daher darf man das Geschehen auf dem Lande nicht länger dem Gutdünken der Jagd, der Land- und Forstwirtschaft überlassen, weil diese Wirtschaftszweige maßgeblich Klima und Biodiversität beeinflussen; und wie das Beispiel Wolf eindrücklich zeigt: Dass er in Österreich noch nicht Fuß fassen konnte, liegt vor allem am Agieren dieser Lobbys. „Naturnah, ökologisch und nachhaltig" sind als einlullendes „Greenwashing" wohlklingende Begriffe für das Marketing – gewirtschaftet wird in Wald, Feld und Flur aber immer noch viel zu stark rücksichtslos gegen die Natur.

All das unterstreicht die lange bekannte, aber wenig beachtete Regel, dass die Beziehungen zu Tieren Gradmesser sind für die Verfasstheit einer Gesellschaft. Das gilt für den Umgang mit Tauben in der Stadt, wie einst Milan Kundera in seinem wunderschönen Roman *Die unerträgliche Leichtigkeit des Seins* deutlich machte, oder auch für die Straßenhunde in südlichen Ländern. Es macht einen Unterschied – auch für die dort heranwachsenden Kinder –, ob diese Tiere lebensverachtend getötet werden oder ob man humanere und nachhaltigere Lösungen findet. Flinte und Gift lösten kaum je Probleme, in der Regel schaffen sie welche. Das gilt auch für Wölfe, andere große Beutegreifer und Greifvögel. Sie einfach abzuschießen, weil sie die Kreise mancher Leute stören, drückt im Grunde eine tiefe Ignoranz und rohe Verachtung gegenüber jener Natur aus, von der nicht zuletzt das menschliche Überleben abhängen wird. Wahrscheinlich hängt das auch mit jener neoliberalen Optimierungsmentalität zusammen, die bereits lange – erzwungen durch die teils lächerlich geringen Erzeugerpreise – auf

Land- und Forstwirtschaft durchschlägt. Vertriebssysteme und Handel sowie die politisch gewollten, sehr niedrigen Lebensmittelpreise sind Mitverursacher des Wirtschaftens gegen die Natur und des Artensterbens.

Die Zukunft: ökologische Landwirtschaft unter Einbezug des Artenschutzes

Natürlich hängt auch der Wolf im Netz des rücksichtslosen Wirtschaftens und der dadurch verursachten ökologischen Katastrophe. Die ist aber weder Naturgesetz noch Schicksal. Man kann – nein, muss – das auch im Interesse der menschlichen Lebensqualität ändern. Es ist durch die Wissenschaft und ihre Analysen längst klar geworden, welche Rahmenbedingungen es für den Artenschutz und ein möglichst konfliktarmes Zusammenleben mit den großen Beutegreifern auch in den Alpen braucht. Man muss sie nur endlich umsetzen und die konservative Folklore alpenländischen Irrglaubens zugunsten besseren Wissens über Bord werfen. Es reicht aber nicht, nur an den Schräubchen zu drehen. Die gemeinsame Agrarpolitik der Europäischen Union beruht auch für die kommenden Jahre immer noch auf den Flächenförderungen für die Großen. Wer viel Land hat, bekommt viel. Das fördert die industrielle Produktion von Lebensmitteln, die Optimierung im Hier und Jetzt ohne Rücksicht auf die Zukunft, Nachhaltigkeit bleibt auf der Strecke. Was nach den EU-Budgetverhandlungen für die Landwirtschaft der kommenden Jahre auch von der österreichischen Landwirtschaftsministerin 2021 als ökologische Wende gefeiert wurde, ist in Wirklichkeit eine Mogelpackung. Mittelfristig braucht es auch im Interesse des Artenschutzes eine radikale Verlagerung der Förderungen weg von der immer noch überwiegend chemieintensiven industriellen Landwirtschaft hin zu ökologisch wirtschaftenden Qualitätsbetrieben, für die auch der Artenschutz unter Einschluss der großen Beutegreifer selbstverständlich ist.

Nur angemessene Erzeuger- und Verbraucherpreise können die gekoppelten Miseren von Landwirtschaft und Artenschutz nachhaltig lösen. Wir müssen rasch von einem perversen System wegkommen, das heute die europäischen Bauern in Abhängigkeit hält, die bis zu 70 Prozent von Förderungen leben (müssen), weil sie keine angemessenen Erlöse für ihre Produkte erzielen können. Anteil daran hat auch eine brutal neoliberale Internationalisierung des Lebensmittelmarktes, die Landwirte weltweit unter Druck setzt, weil sie ja unter lokalen Bedingungen produzieren müssen. So tötet das Neuseelandlamm indirekt den Wolf in den Alpen, die Sojaimporte ins fleischhungrige Europa vernichten den brasilianischen Regenwald und die billigst und tierquälerisch in Eurasien produzierten Hühner treiben die afrikanischen Bauern ins Elend. Das drohende Mercosur-Abkommen zwischen EU und Südamerika (Argentinien, Brasilien, Paraguay und Uruguay) betrifft auch den Freihandel von Lebensmittel. Es wird die Bauern zu beiden Seiten des Atlantiks weiter unter Druck setzen und die Vernichtung der letzten Lebensräume für Wildtiere beschleunigen – in Südamerika wie auch in Europa. Damit muss aber Schluss sein. Es gibt langfristig keine Alternative zu Regionalität, Saisonalität und Qualität in Ernährung und anderen Bereichen unseres Lebensstils, im Interesse von Klima, Biodiversität und letztlich – dem Wolf.

Die schöne Utopie von Weidetierhaltern, welche die Produkte ihrer glücklichen Tiere zu einem Preis verkaufen, der es ihnen erlaubt, als begeisterte Tier- und Artenschützer zu wirtschaften, ist vielleicht

Zukunftsmusik, löst aber nicht die gegenwärtigen Konflikte um den Wolf und andere große Beutegreifer. Pragmatische Soforthilfen gibt es bereits, man müsste sie nur beschreiten. Es ist angesichts steigender Populationszahlen klar, dass der Wolf in Europa wiedergekommen ist, um zu bleiben – auch in den Alpen. Da Abschuss und wolfsfreie Zonen weder gesetzlich möglich noch biologisch-ökologisch sinnvoll oder praktikabel sind, führt an Herdenschutzmaßnahmen kein Weg vorbei. Dieser wirkt zudem ja auch gegen streunende Hunde, die in Europa immer noch ähnliche Verluste an Weidetieren verursachen wie die Wölfe – man spricht bloß nicht darüber.

Im Flachland gestaltet sich der Herdenschutz ziemlich unkompliziert über gut gewartete stromführende Zäune. Im Gebirge wird es schwieriger, da braucht es lokal angepasste Lösungen. Einer der Megatrends geht in Richtung Behirtung mit Hunden, eine ebenso aufwendige wie uralte Kulturtechnik. Sie überlebte allerdings in Gebieten, wo auch der Wolf nie ganz verschwunden war, in Osteuropa, auf dem Balkan. Diese überlieferten und bei uns verloren gegangenen Konzepte muss man nun mühsam auch in den bergigen Lagen Mitteleuropas wieder auferstehen lassen. Sicherlich eine komplexe Angelegenheit, die aber durch gut gefüllte nationale und EU-Fördertöpfe zur Abgeltung des erheblichen materiellen und personellen Aufwandes erleichtert wird. Man sollte diese Mittel aber auch abrufen. Politik und die Funktionäre der Landwirtschaft müssen ihre Kopf-in-den-Sand-Blockadepolitik endlich aufgeben. Herdenschutz betreibt man nicht für den Wolf, sondern für eine ökologische Weidewirtschaft in unser aller Interesse. Durch den Wolf erzwungene Schutzmaßnahmen senken ja auch die Verluste an Weidetieren aus anderen Gründen. Und der Wolf wird nicht einfach wunderbarerweise verschwinden, wenn man sich weigert, Herdenschutz zu betreiben.

Schon lange funkt es zwischen Wölfen und Menschen

Letztlich ist ein solches Geflecht der Beziehungen zwischen den großen Beutegreifern und den Interessen der Menschen nichts Neues. Unsere aus Afrika kommenden *Homo-sapiens*-Vorfahren stießen vor 45.000 Jahren ins Innere Eurasiens vor; sie behaupteten sich dank ihrer Klugheit und sozialen Organisation gegen die vielen Beutegreifer in diesen beutereichen Lebensräumen, einschließlich Löwen, Säbelzahnkatzen, Bären und Hyänen. Und vielleicht auch dank einer frühen Allianz mit dem Wolf, primär aus spirituellen Gründen, vor allem aber, weil es ökologisch und sozial zwischen den beiden Arten gepasst hat. Eine Gemeinschaft mit zahmen Wölfen war offensichtlich verbreiteter eurasischer Lifestyle in der Altsteinzeit, zu Beginn der Mammutjäger-Kultur vor etwa 35.000 Jahren. Um diese Zeit entstanden auch die ersten, noch sehr wolfsähnlichen Hunde; sie begleiteten seitdem die rasche Eroberung nahezu aller Lebensräume der Erde, einschließlich der Wüsten, der Arktis, der nordamerikanischen Kontinente und des pazifischen Raumes. Wo dieses Erfolgsteam aus Mensch und Hund einfiel, veränderten sie die Ökosysteme teils drastisch. Arten starben aus, die Vegetation veränderte sich durch Prozesse, die Menschen mit ihren Hunden als die potentesten Nischenkonstrukteure unter allen Lebewesen der Erde dermaßen auf die Spitze trieben, dass sie damit heute schließlich ihr eigenes Überleben und jenes der Biosphäre in Gefahr bringen.

Für die wenigen frühen Jäger und Sammler der wildreichen Nordhalbkugel waren die Wölfe kaum Konkurrenten, vielleicht aber Brüder, Wesensverwandte und Lehrmeister, wie in den Mythen der nordamerikanischen Great-Plains-Indianer. Diese halbnomadischen, in ihren Tipi-Zelten lebenden Büffeljäger-Leute entwickelten ein großes Spektrum an Sprachen und Kulturen, denen aber allen eine spirituelle Verbindung zu Wölfen und Hunden gemeinsam war. Im Gegensatz zu den Kriegerkulturen in Eurasien wurden die Beziehungen zu Wölfen und Hunden in Nordamerika stark über die Frauen gespielt, wie Forschungsreisende im 18. und 19. Jahrhundert berichteten. Die Mythen dieser nordamerikanischen Ureinwohner betonen die fürsorgliche Komponente der Wolfsbeziehung, wie sie ja auch im Gründungsmythos Roms auftaucht. Dort rettet eine Wölfin die beiden ausgesetzten Knaben, wobei die eurasische Ambivalenz zum Wolf im späteren Brudermord aufblitzt. Musste ja so kommen – Romulus und Remus waren schließlich Kinder des Kriegsgottes Mars und wurden von einer Wölfin gestillt; folgerichtig gründete der Brudermörder Romulus das militärisch erfolgreiche Rom.

Aus Wölfen entstehen die besten Freunde des Menschen

Jedenfalls lebten die altsteinzeitlichen Jäger und Sammler miteinander und mit zahmen, ihren Clans sozial zugehörigen Wölfen in flachen Hierarchien und in einer wahrscheinlich ähnlichen Vorstellungswelt wie die Ureinwohner der nordamerikanischen Prärien. Man kommandierte einander nicht herum und verbrachte nach Jäger-und-Sammlerart viel soziale Zeit miteinander. Bei der gemeinsamen Jagd ging es um Fleisch, Prestige, um das spirituelle Einswerden mit dem Tier-Gegenüber und vielleicht auch um den Adrenalinkick. Typische Menschen eben. Offenbar aus diesen Gründen mussten es immer die größten und gefährlichsten Tiere sein, wie etwa Mammute. Unklar bleibt, wie weit die weibliche Beteiligung an der eher männlichen Domäne der Jagd ging.

Was feministische Frühgeschichtlerinnen in ihrer Annahme der wie Männer jagenden Frauen manchmal vergessen, sind die evolutionären Prinzipien in der sozialen Organisation des Menschen. Für die Reproduktion der Clans sind Männer weniger wichtig als Frauen, Männer waren und sind daher stärker auf Risikobereitschaft gebürstet. Es war für einen Clan bedrohlicher, eine Frau zu verlieren, als einen Mann – außer man befand sich im Kriegszustand mit den Nachbarn, was aber in der Altsteinzeit offenbar nur selten der Fall war. Jedenfalls war die Fruchtbarkeit eines der zentralen Themen dieser Kulturen. Es oblag den Frauen, die Wolfswelpen an ihrer Brust zusammen mit dem eigenen Nachwuchs aufzuziehen, weil es anders nicht funktioniert hätte. Und wahrscheinlich waren nach dem Muster der nordamerikanischen Ureinwohner die Frauen auch die wichtigsten Sozialpartner dieser zahmen Wölfe – und später der Hunde. Aus eigener Erfahrung im Aufziehen von über 30 Wolfswelpen am Wolfsforschungszentrum kennen wir die große, fast menschenähnliche Variabilität der Temperamente von Wölfen. So gab es in der Altsteinzeit sicherlich Tiere, die sich als zahme Kumpane ihrer Leute leichter taten als andere; durch eine rasche, quasi von selbst stattfindende Selektion auf Zahmheit entstanden in nicht allzu vielen Generationen hundeartige Wölfe – oder wolfsähnliche Hunde, es ist Geschmacksfrage, von welcher Seite man das sehen will.

Mit dem ersten Sesshaftwerden um Jäger-und-Sammler-Heiligtümer vor etwa 12.000 Jahren, wie etwa dem von Jägern und Sammlern errichteten gigantischen Megalith-Heiligtum Göbekli Tepe in Anatolien, wurde alles anders. Männer begannen Ressourcen und weibliche Reproduktion zu kontrollieren – weil sie evolutionär darauf eingestellt sind und es daher auch tun, wenn sie es können. Im Laufe der Jahrhunderte wurden die Gesellschaften ortsfest, territorial und arbeitsteilig, vor allem aber viel hierarchischer als die ursprünglichen Jäger und Sammler. Ackerbau und Viehzucht gewannen an Bedeutung, man baute Mauern zur Verteidigung gegen die nun ebenfalls besitzorientierten Nachbarn, aus Kriegern wurden Heere. Seitdem organisiert eine Minderheit von Wohlhabenden die Arbeit und das Leben einer für sie rackernden, schlecht ernährten und auf den Schlachtfeldern blutenden Mehrheit. Die Hunde waren Teil dieser neusteinzeitlichen Kulturrevolution. Rasch wurden aus den wolfsähnlichen Gefährten der Jäger und Sammler hierarchiebeflissene Spezialisten für das Bewachen von Besitz, für den Krieg, für das Verteidigen der Herden gegen ihre wilden Verwandten und für Herz und Bett jener Schönen und Reichen, welche die gewöhnlichen Leute seit dieser neolithischen Umwälzung so sehr bewundern.

Der Bruder Wolf als Gegner und Vorbild kriegerischer Machos

Mit dem Sesshaftwerden begann auch die Entfremdung zwischen Menschen und Wölfen. Blieben die nomadischen eurasischen Hirtenkulturen in ihrer animistischen Spiritualität dem Wolf bis heute respektvoll verbunden, so wurde er – wie andere große Beutegreifer auch – für die sesshaften Viehhalter zur ständigen Bedrohung. Man lernte mithilfe der Hunde damit zu leben. Dass das Wort „Hund“ vielfach zum Schimpfwort wurde, führt man übrigens darauf zurück, dass man sie jedoch für diesen Verrat an ihren Ahnen verachtete. Typisch Mensch eben: Man liebt den Verrat, aber verachtet den Verräter. Über die Jahrtausende entwickelten sich mit der Ausbreitung der Menschen über die Erde viele unterschiedliche Kulturen und mit ihnen eine bis heute immer reichhaltigere Palette von Rollen und Aufgaben für die höchst anpassungsfähigen Hunde. Daher hat jede

Gesellschaft die Hunde, die sie braucht und verdient. Dass dieser Satz auch auf die Politiker passt, ist natürlich reiner Zufall.

Die Wölfe hinterließen zahlreiche Spuren in den Kulturen, Mythen und Sprachen. So etwa wurden im antiken Griechenland und alten Rom besonders zielstrebigen Politikern Wolfseigenschaften zugesprochen. Damals entstand auch das heute noch geläufige Sprichwort, wonach „der Mensch des Menschen Wolf“ sei. Ziemlich zutreffend eigentlich, denn die rudelintern harmonisch kooperierenden Wölfe bekriegen und töten ihre Nachbarn, wenn sie es für nötig erachten. Und zwar strategisch zielstrebig und ohne Federlesen. In diesem Sprichwort kommt auch das von der Antike bis ins Mittelalter währende, ambivalente Verhältnis zum Wolf zum Ausdruck. Man musste sich vor ihm schützen, bewunderte ihn aber auch ob seiner Familienorganisation, gepaart mit Klugheit, Aggressivität und strategischem Geschick. Der Wolf wurde zum beherrschenden Säulenheiligen einer Kriegeresoterik, die bis zur Mitte des 20. Jahrhunderts immer wieder aufflackerte, zuletzt in der schräg-kultischen Wolfsverehrung durch die Nazis.

Römische Zenturionen kämpften in Wolfsfellen ebenso im Bewusstsein der Kraft des Wolfs wie germanische Berserkerkrieger. Werwolf-Vorstellungen – also die Verwandlung von Mann in Wolf – florierten über die Jahrtausende in unterschiedlichen Ausformungen. Im Einklang mit den Traditionen der Turk-Völker leiteten Dschingis Khan und seine Nachfolger ihre Herkunft, ihre Kriegsstrategie und die Qualität ihrer Kriegspferde vom Wolf ab; getragen von solchen Vorstellungen, unterwarfen die Mongolen 1279 für kurze Zeit den gesamten riesigen eurasischen Kontinent, vom Atlantik bis an den Pazifik. Die Christianisierung Europas im frühen Mittelalter verdrängte die kriegerischen Wolfskulte, nicht aber die

Kriege, welche fürderhin mit Gottes Segen geschlagen, gewonnen oder verloren wurden. Wölfe, Raben und andere Aasfresser profitierten von Kriegszeiten und dem Schwächeln staatlicher Ordnung, was sie den Leuten nicht gerade sympathischer machte. Es vermengten sich die alten (Werwolf-)Mythen mit den negativen Wolfserzählungen im Zusammenhang mit den Machtansprüchen von Kirche und Staat. Im christlichen Abendland wurde vom Mittelalter bis in den Absolutismus der späteren Neuzeit der Wolf zunehmend zur Verkörperung des Bösen und des alten Heidentums. Man bekämpfte einen spirituellen Gegner, einen lästigen Jagdkonkurrenten und eine ständige Bedrohung für die Nutztiere.

Im verheerenden Dreißigjährigen Krieg ging es den Wölfen und Raben aus nachvollziehbaren Gründen gut. Das führte anschließend aus symbolischen und praktischen Gründen zu wahren Ausrottungsorgien gegen den Wolf im Schulterschluss zwischen den armen Leuten und einem Adel, dem der Wolf das Jagdprivileg streitig machte. Der Wolf wurde zum gemeinsamen Feindbild – was ein wenig an die heutigen Verhältnisse erinnert. Manche Herrscher wollten als treusorgende Landesväter gelten und gingen daher höchstpersönlich auf Wolfsjagd. Mit allen Mitteln übrigens: Wölfe wurden gefangen, gefoltert und gehenkt; Wolfsjäger gruben mit Spießen bewehrte „Wolfsgruben" und legten mit „Wolfsangeln" gespickte Fleischstücke aus. Das sind eiserne Haken, die sich nach Verschlingen des Köders in die Magenwände bohren. Bis heute dient übrigens die grausame „Wolfsangel" als Familienzeichen des Geschlechts der Welfen.

Im 19. Jahrhundert war Mitteleuropa durch Salzgewinnung und beginnende Industrialisierung entwaldet und zudem wildleer geschossen. Es war also nicht allzu schwierig, den letzten noch verbliebenen Wölfen und Bären mittels der nun präzisen Jagdwaffen den Garaus zu machen. Die Leute freuten sich darüber, war das Verschwinden der Wölfe und Bären doch ein wichtiges Symbol des Sieges über eine bedrohliche Natur. Es sollte über 100 Jahre dauern, bis auf breiter Front ein zaghaftes Umdenken einsetzte, erkennend, dass „Mutter Natur" unser aller Überleben sichert. Das führte letztlich auch zur jüngsten Rückkehr der Wölfe und zu den neuen Konflikten um den Wolf und ein naturnahes Wirtschaften. Mit dem Verschwinden der Wölfe und der anderen großen Beutegreifer verloren die Hunde zwar ihre wichtige Rolle beim Schutz der Herden, aber dennoch nichts von ihrer Bedeutung für die Menschen – ganz im Gegenteil.

Wölfe machen als Hunde Karriere

Heute sind Hunde, die Nachfahren der Wölfe, immer wichtiger werdende Gefährten in einer weltweit ständig zunehmenden Urbanisierung. Mehr als 50 Prozent der Menschen leben heute in Städten. Damit nimmt auch die Differenzierung der „Hundeberufe" zu. Hunde erfüllen spezielle Aufgaben bei Polizei und Heer, sie retten Menschen aus Trümmern und Lawinen, finden Verirrte und Tote – Letztere sogar unter Wasser – und sie erschnüffeln, was auch immer ihre Menschen interessiert, von Drogen, Sprengstoff und Falschgeld bis zu Anzeichen von Krebs aus Atemluft oder Urin. Aber ihre heute bei Weitem wichtigste Funktion ist es, soziale Gefährten und Unterstützer ihrer Menschenpartner zu sein. Tatsächlich zeigen wissenschaftliche Daten, dass Menschen in guter Partnerschaft mit Hunden besser und gesünder leben als ohne Hund. Die Fakten erlauben sogar den Schluss, dass Menschen an ein Leben mit Tieren angepasst sind, insbesondere mit Hunden. Tatsächlich nimmt mit der weltweit fortschreitenden Verstädterung die Zahl der gehaltenen Hunde nicht etwa ab, sondern zu. So kompensieren die Leute mehr oder weniger unbewusst manch psychisch und körperlich krank machende Lebensumstände. Ein Aufwachsen in Kontakt mit Tieren und Natur erlaubt Kindern eine optimale körperliche, kognitive, emotionale und soziale Entwicklung und erhöht ihren Widerstand, ihre Resilienz gegen mentale Probleme später im Leben. Die allgegenwärtigen und uns sozial in hohem Ausmaß entsprechenden Hunde spielen dabei eine zentrale Rolle.

Unter Nutzung des Vektors Mensch wurde der Wolf in Gestalt des Hundes zu einem der erfolgreichsten Säugetiere. Heute leben etwa acht Milliarden Menschen nebst einer Milliarde Hunde auf den vier bewohnten Kontinenten. Dem entsprechen etwa 200.000 auf der Nordhalbkugel wild lebende Wölfe und immerhin bis etwa 800.000 (!) Wölfe oder Wolf-Hund-Mischlinge in Gefangenschaft. Es gibt also etwa tausendmal mehr Hunde als Wölfe! Und viermal mehr Wölfe in Gefangenschaft als in freier Wildbahn. Diese Erfolgsgeschichte der Hunde erklärt sich wohl aus ihrer Gabe, sich als Sozial- und Arbeitskumpane für ihre Menschenpartner unentbehrlich zu machen. Die Hunde passten sich im Zuge der Domestikation über mehr als 30.000 Jahre perfekt an uns an und tun dies weiterhin parallel zu den raschen gesellschaftlichen Veränderungen. Waren zahme Wölfe offenbar noch gute Gefährten für die altsteinzeitlichen Jäger und Sammler, so sind sie das für Menschen in modernen Kulturen nicht mehr. Das Leben mit einem zahmen Wolf in der modernen Kulturumgebung ist heute höchst aufwendig und eine Zumutung für beide Seiten, überfordernd für den Menschen, tierquälerisch für den Wolf. Vertretbar zu verwirklichen ist das Leben mit zahmen Wölfen allenfalls mit jenem enormen Aufwand, den wir am Wolfsforschungszentrum Ernstbrunn (WSC) betreiben müssen, um unseren Partnern ein wolfsgerechtes Leben zu ermöglichen und gültige Antworten auf unsere Forschungsfragen zu bekommen (mehr dazu später).

Es ist aus mehreren Gründen wichtig zu wissen, was Hunde von Wölfen unterscheidet: So muss man, um eine ebenso alte wie zutreffende Einsicht zu bemühen, die Vergangenheit kennen, um die Gegenwart zu verstehen und die Zukunft gestalten zu können. Will man also Wesen und Natur der Hunde verstehen, dann sollte man wissen, wie ihre Stammform Wolf tickt und in welcher Weise sich die Hunde von den Wölfen unterscheiden. Das verrät uns, in welcher Weise sich die Hunde an die Bedürfnisse der Menschen anpassten. Dieses Wissen wird damit auch zum Spiegel, der uns helfen kann, unsere eigene Natur zu erkennen. Zudem kann man in den Wölfen und Hunden erkenntnisträchtige Forschungsmodelle sehen, um der evolutionären Entstehung der kooperativen und kompetitiven Natur des Menschen nachzuspüren. Und schließlich beleuchtet ein genaues Wissen um die Natur der Hunde auch die Natur der Wölfe und lässt uns besser als bisher ihr Wesen und ihre Potenziale erkennen.

Es gibt immer noch viele Rätsel um Wolf und Hund

Ein Irrtum wäre es, zu glauben, die Wissenschaft wüsste schon alles Wichtige über Wölfe und Hunde und hätte es bisher bloß einer interessierten Öffentlichkeit vorbehalten. Immer noch dominieren zu den Wölfen die Mythen und Falschinformationen, vor allem, weil sie weder im Freiland noch im Gehege einfach zu untersuchen sind. Die Hunde sind diesbezüglich unkomplizierter zugänglich, sie wurden nur lange von der Forschung links liegen gelassen; und auch heute noch grassieren selbst unter Wissenschaftlern die Vorurteile und Mythen. Mit Hunden verhält es sich ein wenig wie mit der Schule: Fast alle Leute fühlen sich als Experten, aber nur wenige wissen wirklich Bescheid. Und wie immer in der Wissenschaft generiert unsere aktuelle Forschung zwar eine Menge an spannenden Antworten, aber noch mehr Fragen.

Eine besondere Hürde für die vergleichende Forschung an Wölfen und Hunden stellte der Mangel an wirklich vergleichbaren Tieren dar. Das änderte sich erst mit der gleichartigen Aufzucht und Haltung von Wölfen und Hunden, etwa am Wolfsforschungszentrum. Die reiche Ernte an Ergebnissen dieser vor allem experimentellen Forschung schuf im letzten Jahrzehnt ein festes Fundament für das Verständnis der Hunde und zeigte, wie sie sich von Wölfen unterscheiden. Manche Mythen bestanden den Test der Zeit nicht und unser Bild von Wolf und Hund wurde differenzierter, komplexer, schlicht anders, als es noch vor zehn Jahren erschien.

Vor allem aus Gründen der Aktualität widmet sich der erste Teil dieses Buches den vielen, nicht immer rationalen Facetten der Rückkehr der Wölfe. Weil die heutigen Einstellungen zum Wolf nicht ohne ihre Geschichte verständlich werden, geht es im mittleren Teil um die gesellschaftlich-historischen Entwicklungen um Wolf und Hund, und im letzten Teil um die große Frage, wie Wölfe und Hunde „wirklich" sind – und wie es in Zukunft mit den Wölfen, Hunde und Menschen in dieser Welt der Menschen weitergehen könnte. Das alles natürlich im wissenschaftlichen Sinn, nicht als endgültige Wahrheit, denn die kann und will die Wissenschaft nicht bieten. Dennoch lehne ich mich zuweilen weit aus dem Fenster. Aber wie meinte einst der große Philosoph und Kommunikationswissenschaftler Paul Watzlawick so zeitlos-treffend? „In Wirklichkeit ist die Wirklichkeit nicht wirklich wirklich." Woraus ich die Freiheit zum Versuch ableite, die vielen neuen Ergebnisse und alten Weisheiten auch mittels ein wenig informierter Spekulation zu einem stimmigen Bild zusammenzufügen.

Kapitel 2

Die Rückkehr der Wölfe: Chancen und Herausforderungen

Sie kommen rasch, nicht alle freut das

Wenn man sie lässt, kommen Wölfe überaus schnell zurück. Musterbeispiel dafür ist Deutschland, wo es vor 20 Jahren so gut wie keine Wölfe gab, 2021 waren es bereits um die 2.000. Ungestörte Populationen mit guter Nahrungsversorgung können pro Jahr um bis zu 30 Prozent wachsen. Mit einer Vorstellung von Zinseszinsrechnung weiß man, was das zumindest theoretisch bedeutet. Die Rechnung ist allerdings nicht ganz so einfach, da Wölfe frühestens im zweiten, meist erst im dritten Jahr reproduzieren und die Todesrate vor allem der Jungwölfe durch eine Reihe von Faktoren relativ hoch ist. Bisher trifft die Annahme eines etwa zwanzigprozentigen Anstiegs der Zahl der Rudel die Verhältnisse in Deutschland recht gut. Das geht aber nicht so weiter, es gibt in der Biologie kein ewiges exponentielles Wachstum. Vor allem werden die lokalen Wolfsdichten nicht ständig zunehmen. Denn ist ein Gebiet mit Rudeln „gesättigt“, was etwa sechs Wölfe auf 200 bis 600 Quadratkilometern bedeutet, dann verhindern die Rudelwölfe selber mit Zähnen und Klauen, dass sich weitere Wölfe ansiedeln. Diese aggressive Verteidigung des Territoriums nennt man in der Biologie „dichteabhängige Regulation“. Da Jungwölfe sich im eigenen Rudel nicht vermehren können, verlassen sie es mit ein bis zwei Jahren. Sie ziehen Hunderte oder sogar Tausende Kilometer weg, um in der Fremde einen Partner zu finden und ein neues Rudel zu gründen. Die hohe Vermehrungsrate der Wölfe bewirkt also ihre rasche Ausbreitung in der Fläche – wiederum: Wenn man sie lässt.

So besiedeln die in den 1970er-Jahren noch vom Aussterben gefährdeten italienischen Wölfe heute nicht nur die bergigen Anteile Italiens, vom Süden Kalabriens bis ins Piemont, sondern auch die französischen Alpen – eigentlich den gesamten Osten Frankreichs – sowie die Schweiz. In Deutschland vermehrten sich in der sächsischen Lausitz vor gut 20 Jahren die ersten Wölfe aus der baltisch-polnischen Population; sie besiedeln heute Deutschland in einem weiten Bogen ausgehend von Sachsen im Osten und breiteten sich bis an die Atlantikküste aus. Die Tiere zogen nach Dänemark, erste Pionierpaare erreichten die Niederlande und Belgien. In Richtung Osten besiedelten sie von der Lausitz aus wieder Polen und Tschechien und in Richtung Süden breiteten sie sich nach Bayern und Österreich aus. Dort werden allerdings die meisten von ihnen illegal abgeschossen, weswegen es in Bayern und Österreich noch kaum Rudel gibt. Zur deren Gründung bevorzugen Wölfe Gebiete mit geringen Menschen- und hohen Wilddichten. Daher ist es kein Zufall, dass die Pionierrudel in Deutschland und Österreich auf Truppenübungsplätzen landeten – in der sächsischen Lausitz und im niederösterreichischen Allentsteig. Sonderlich wählerisch sind sie bezüglich ihres Lebensraumes aber nicht. Wölfe brauchen keine Wildnis, sie besiedeln bereitwillig auch Kulturland – und nicht unbedingt immer nur den Wald.

Wölfe sind milde Kulturfolger, die sich auch in land- und forstwirtschaftlich genutzten Gebieten niederlassen. Sie bleiben darin allerdings viel zurückhaltender als etwa Kojoten, Rotfüchse oder Wildschweine. Während Letztere bereits im Zentrum von Berlin siedeln, ist das von Wölfen nicht zu erwarten. Damit Wölfe zurückhaltend bleiben, braucht es den regelmäßigen Beschuss nicht, wie uns die Jägerschaft und ihre Lobby ständig einzureden versuchen. Diese Behauptung wird durch keinerlei wissenschaftliche Evidenz gestützt. Vielmehr sind Wölfe von ihrer Natur her zwar sehr neugierig, aber auch sehr scheu-zurückhaltend Neuem gegenüber. Wie im dritten Teil dieses Buches ausgeführt wird, sind Wölfe im Gegensatz zu Hunden leicht von der für sie unwägbaren Reizüberflutung in einer menschlichen Kulturumgebung zu überfordern. Dagegen ertragen Hunde den Jahrmarkt menschlicher Eitelkeiten problemlos. Wölfe können das nicht und gewöhnen sich auch nicht ohne Weiteres daran im Gegensatz zu den viel anpassungsfähigeren Füchsen oder Kojoten. Was nicht bedeutet, dass sich Jungwölfe nicht auch gelegentlich Menschen und ihre Siedlungen aus der Nähe anschauen. Wölfe sind aber gar nicht gut darin, einen städtischen und menschennahen Lebensstil als Tradition an ihre Nachkommen weiterzugeben. Allerdings sollte man bei Wölfen niemals nie sagen bzw. sich nicht allzu sehr auf das „typisch Wölfische“ verlassen. So etwa lebt seit 2016 ein Wolfsrudel am südlichen Stadtrand von Rom – durchaus passend zum Gründungsmythos der Stadt. Es ist aber ziemlich sicher nicht damit zu rechnen, dass sie sich am römischen Forum Romanum ansiedeln werden, oder nahe am Berliner Brandenburger Tor.

Das Gezerre um den Wolf

Eine Mehrheit der Bevölkerung in Österreich, Deutschland und generell in Europa steht der Rückkehr der Wölfe positiv gegenüber. Allerdings leben wir aufgrund einer Gemengelage von einer sich verschlechternden Diskussionskultur, des Vertrauensverlustes in die Politik, der Bildungskrise und der Blasenbildung in den sogenannten sozialen Medien etc. in immer polarisierbareren Gesellschaften. Das gilt auch für das Thema Wolf, der noch dazu von allen Wildtieren immer schon am meisten „politisch" vereinnahmt wurde und polarisierte. Während eine Mehrheit eher lauwarm pro Wolf eingestellt ist, tritt nur eine kleine Minderheit aktiv zum Schutz der schwindenden Arten und auch des Wolfes an. Sehr engagiert etwa im WWF oder auch in speziellen Wolfs-NGOs, wie in der regen deutschen Gesellschaft zum Schutz der Wölfe e. V. oder im Schweizer Verein CHWOLF. Eine solche NGO fehlt in Österreich, entsprechend schlecht geht es auch den Wölfen. Am anderen Ende des Spektrums der Meinungen findet sich eine Minderheit teils sehr radikaler Wolfsgegner.

Verständlich, dass Weidetierhalter keine Freude mit der Rückkehr der großen Beutegreifer haben. Sie wirtschafteten die vergangenen 150 Jahre wolfsfrei und vertreten die aus ihrer Sicht wohl berechtigte Ansicht, ihre Vorfahren hätten es geschafft, die Wölfe auszurotten, wofür sie gute Gründe gehabt hätten; und nun würden ihnen „die Tierschützer" wieder den Wolf aufs Auge drücken. Weswegen sich viele von ihnen, besonders im Alpenraum, dem Herdenschutz grundsätzlich verweigern, weil sie fürchten, damit die Existenz des Wolfes anzuerkennen. Daraus spricht nicht nur Sorge um die materielle Existenz, es schwingt auch die Angst mit, der Wolf könnte wieder zur Bedrohung für den Menschen werden. Das ist im Moment zwar nicht zu befürchten, ist aber dennoch nicht so irrational, wie es scheinen mag und wird später im Buch noch Thema sein.

Vor allem aber wird der Wolf zum beinahe willkommenen Sündenbock für erlittene Einbußen und Demütigungen durch eine überzogene Bürokratie und verfehlte Landwirtschaftspolitik. Die Internationalisierung im Lebensmittelbereich, die beherrschende Marktstellung des Handels bewirken neben andere Faktoren, dass Bauern immer mehr von Subventionen statt den viel zu geringen Erzeugerpreisen leben müssen. Der Wolf wird daher fälschlicherweise allenthalben zum Totengräber der Weidewirtschaft erklärt, besonders in den Alpen. Dem widerspricht der seit Jahrzehnten anhaltende Trend zur Aufgabe landwirtschaftlicher Betriebe, auch ohne Zutun des Wolfes. Vielfach herrscht ein Gefühl des Ausgeliefertseins an eine Mehrheit der Städter und „Eliten", welche die Parlamente beherrschen, sich welt- und naturentfremdet über die Rückkehr der Wölfe freuen und auf deren strengen Schutz beharren.

Kein großes Verständnis muss man dagegen für die Skepsis der Jäger hinsichtlich der Rückkehr der Wölfe haben. Weil ihnen das viel zu viele Wild in unseren Wäldern nicht gehört, kann ihnen der Wolf auch keinen Schaden zufügen. Wölfe wirken sich zudem positiv auf die Biodiversität und die Gesundheit der Wildbestände aus. Darauf und auf die Argumente von Landwirtschaft und Jagd wird später noch eingegangen. Über die letzten Jahre fand man beinahe täglich Anti-Wolf-Folklore in den europäischen Medien, vor allem in den regionalen Zeitungen. Es gab Mahnfeuer und -wachen, Fackelzüge und Demonstrationen gegen den Wolf von Tirol bis Norddeutschland und man schürt die Angst vor dem Wolf. Man könnte glauben, der Wolf wäre das Ende des christlichen Abendlandes. Die Erzählung ähnelt verdächtig der Panikmache im Zusammenhang mit den „Flutwellen" der Zuwanderer. Es wird dummdreist manipuliert, etwa indem Land- und Forstwirte Warntafeln aufhängen, man befände sich im „Wolfsgebiet" – Betreten auf eigene Gefahr. Selten so gefürchtet!

Diese seltsame Folklore macht zumindest in Österreich auch vor dem offenen Aufruf zum Gesetzesbruch nicht Halt, sogar durch führende Politiker: „Die Jäger wissen schon, was zu tun ist", heißt es augenzwinkernd in volkstümlichen Reden. Solche Aussprüche in der Öffentlichkeit waren von einem Salzburger Landeshauptmann, einem ehemaligen Umweltminister und anderen Mitgliedern der Bundesregierung zu hören. Und natürlich von hohen Repräsentanten der Jägerschaft. Eine solche Anstiftung zum Gesetzesbruch von ganz oben hat schon eine besondere Qualität. So wird geschossen, geschaufelt und geschwiegen, was das Zeug hält. Die meisten Wölfe verschwinden spurlos, die grassierende und kaum geahndete Wildtierkriminalität gilt als Hauptfaktor für die im Gegensatz zu den Nachbarländern nur sehr langsame Rückkehr in Österreich. Im August 2019 etwa wurde im Tiroler Sellrain ein abgeschossener Wolf ohne Kopf gefunden. Auch in Deutschland steigen mit der Zahl der Wölfe die illegalen Abschüsse, aber sie sind nicht bestandsgefährdend wie in Österreich.

Die Spitze der Anti-Wolfs-Folklore bilden aber sicherlich die nicht EU-rechtskonformen Verordnungen und Bescheide der Landesregierungen in Tirol, Kärnten und Salzburg. Ein besonderes Gustostück leistete sich die Tiroler Landesregierung, eine schwarz-grüne Koalition. Der Wolf 118MATK italienischer Abstammung hatte bis Mitte Oktober 2021 genetischen Nachweisen zufolge an die 40 Schafe in verschiedenen Almgebieten gerissen. Daraufhin fasste die Regierung Mitte Oktober den Beschluss, den Wolf im Fall weiterer Schäden abschießen zu lassen. Als dann der Befund seiner Urheberschaft für weitere tote Schafe kam – die er wohlgemerkt bereits vor dem erwähnten Beschluss gerissen hatte –, gab man ihn am 22. Oktober 2021 für 60 Tage zum Abschuss frei. Damit verstößt dieser Gesetzgeber gleich mehrfach gegen gültiges Recht. Der an und für sich ganzjährig geschonte Wolf ist laut FFH-Richtlinie nur dann zum „Problem" zu erklären und zum Abschuss freizugeben, wenn er sich an sachgerecht geschützten Nutztieren vergreift. Keines der getöteten Schafe war aber geschützt. Zudem verlangt ein gesetzeskonformer Abschuss, dass der Wolf vorher individuell identifiziert werden muss. Wie soll das gehen? Ist dem Wolf sein Name ins Gesicht geschrieben?

Der Erlass gibt also das Feuer auf jeden Wolf frei, was ganz klar gegen bestehendes Recht verstößt. Eine weitere Würze dieses Falles liegt darin, dass sich die Politik auf die Empfehlung einer von ihr zusammengestellten Expertenkommission beruft. Kleiner Schönheitsfehler nur, dass die Namen dieser „Experten" geheim gehalten werden, mit der offiziellen Begründung des aufgeheizten Klimas im Lande – sogar Morddrohungen hätte es gegeben. Das geht aus mehreren Gründen gar nicht in einer liberalen Demokratie: Erstens sollte man Erpresser dingfest machen, aber keinesfalls die Politik nach ihren Wünschen ausrichten. Zweitens spricht es nicht für die Zivilcourage der Leute in der Kommission. Als gelernter Österreicher kann man aus guten Gründen kein Vertrauen zu einer solchen Feigenblatt-Kommission haben. Glaubwürdigkeit braucht Namen und Kompetenz. Drittens ist völlig klar, dass eine von einem solchen Gremium ausgesprochene Abschussempfehlung nicht FFH-konform ist. Bitte den Leitfaden der Europäischen Kommission zur FFH-Richtlinie vom 12. Oktober 2021 lesen! Tatsächlich wurde die Tiroler Verordnung von einem österreichischen Gericht Mitte

November 2021 aus formalen Gründen wieder gekippt. Und zum Drüberstreuen: Die Bauern sollen finanziell entschädigt werden, obwohl sie ihre Schafe nicht geschützt hatten. Eigentlich wären sie wegen der Verletzung ihrer Aufsichtspflicht nach österreichischem Tierschutzgesetz zu belangen.

Wohl um die laute Klientel zu beruhigen, verstößt man bewusst gegen geltendes Recht, verfügt den Abschuss von „Problemwölfen", die keine sind, und definiert wolfsfreie Zonen, in denen Herdenschutz angeblich nicht möglich ist, wo daher jeder Wolf geschossen werden muss – auf die makellose Empfehlung der geheimen Kommission hin. Dabei geht es aber nicht bloß um die eher technische Frage, ob man Wölfe durch Abschuss regulieren muss, die noch zu diskutieren sein wird. Wölfe ähneln in ihrer sozialen Organisation und Klugheit sehr uns Menschen. Zumindest sensible Gemüter könnten daher fragen, ob man Wölfe tatsächlich einfach über den Haufen schießen muss. Die gewählten Hüter des Rechtsstaates lassen es immer wieder darauf ankommen, durch unabhängige Gerichte korrigiert zu werden. Der Wolf stellt damit unseren demokratischen Rechtsstaat auf die Probe. Wenigstens in Österreich hat man diese Probe bislang nicht bestanden.

Wölfe waren in Europa nie ganz weg

An den Rändern Europas gab es im 19. und 20. Jahrhundert durchgehend Wölfe. Manche davon nur in Restpopulationen, wie etwa in den italienischen Abruzzen. In Frankreich wurden sie erst in den 1930er-Jahren ausgerottet. Trotz teils erbitterter Verfolgung verschwanden Wölfe nie ganz aus Spanien. Dort hielten sie sich im galicischen Grenzgebiet zu Portugal und in einigen zentralen Sierras.

Wölfe gab es immer auch trotz rigorosem Abschuss im Norden Skandinaviens. Von dort wanderten sie in den 1970ern wieder in den Süden Schwedens ein, wo sie sich vor allem im bergigen Grenzgebiet zu Norwegen festsetzten. Wenn man aus dem dicht besiedelten Mitteleuropa kommt, wähnt man sich in den kaum besiedelten borrealen Nadelwäldern Schwedens, Norwegens und Finnlands in unberührter Natur. Leider täuscht dieser Eindruck, denn die Jagd hat dort traditionell einen großen Stellenwert. Es wird viel zu viel geschossen, seit es Motorschlitten gibt, auch unter Einsatz von Hundemeuten, zu viele Wölfe und Vielfraße im Winter. Man folgt den Spuren, bis man zum Schuss kommt. Das Spuren per Motorschlitten ist zwar verboten, wird aber praktiziert.

Die Wolfspopulation im Süden Skandinaviens stagniert auch, weil man nicht mit EU-Recht vereinbare Abschussquoten festsetzt, die etwa dem jährlichen Zuwachs entsprechen. Zudem leiden diese zu kleinen Populationen unter Inzuchtproblemen, weil die Rentiere haltenden Samen den Nord-Süd-Wanderkorridor dichtmachen, indem sie dort alles abschießen, was nach Wolf aussieht. Ganz legal übrigens, denn als Indigene dürfen sie das. Was früher zum Schutz ihrer domestizierten Rentiere sinnvoll gewesen sein mag, läuft zu Zeiten der Motorschlitten und Präzisionsgewehre auf die Ausrottung der großen Beutegreifer hinaus. So kollidiert heute das traditionelle Jagdprivileg der skandinavischen Indigenen frontal mit dem Artenschutz.

Auch aus den baltischen Staaten und aus den nördlichen Teilen Polens, Weißrusslands und Russlands verschwanden Wölfe nie ganz. Sie hielten sich im weiten Bogen der Karpaten, von der slowakischen Tatra über das rumänische Zentralmassiv bis in ihre südöstlichen Ausläufer in Serbien. Rumänien war immer Kerngebiet. Die

Zahl der Wölfe, wie auch der Bären, sank aber seit den unseligen Zeiten der kommunistischen Diktatur, obwohl Wölfe wie anderswo in Europa auch in Rumänien durch die nationalen und EU-Bestimmungen unter strengem Schutz stehen. Hauptursache ist in diesem korruptionsgebeutelten Land wahrscheinlich die illegale Jagd. Überlebensfähige Wolfspopulationen gab es immer auch auf dem Balkan – die sogenannte „dinarische Population", von Slowenien bis Albanien und Griechenland. Da vor allem Jungwölfe weit wandern, tauchten auch außerhalb der erwähnten Kerngebiete in Europa immer wieder Wölfe auf, die aber restlos abgeschossen wurden, nicht selten mit streunenden Hunden „verwechselt". Zudem wurden und werden viele Wölfe auf der Straße überfahren, und auch wo sie überdauerten, werden sie immer wieder abgeschossen und vergiftet.

Wohl kaum ein Beobachter hätte nach dem Zweiten Weltkrieg viel auf ein längerfristiges Überleben der Wölfe in Europa gegeben. Aber es kam anders. Klima- und Biodiversitätskrisen warfen bereits Schatten und im humanistisch-aufgeklärten Europa stieg nach der Aufbauphase in Folge des letzten Weltkriegs der Stellenwert von Natur- und Umweltschutz. Vogelschutzrichtlinie, Berner Konvention und schließlich die FFH-Richtlinie der EU reflektieren das sich ändernde gesellschaftliche Naturschutzbewusstsein und bereiteten den Weg auch für einen stärkeren Schutz der großen Beutegreifer. Die Wölfe ergriffen dank ihrer hohen Vermehrungsraten und hoher Wilddichten ihre Chance und eroberten in wenigen Jahrzehnten Lebensräume zurück, aus denen sie über die vergangenen Jahrhunderte verdrängt worden waren. Dazu tragen auch Landflucht und eine weniger intensive Landwirtschaft in bergigen Regionen bei, sowie die fast vollständige Ausrottung der Tollwut in Mitteleuropa.

Die Rückkehr der Wölfe klappt nicht überall gleich gut, zumal unterschiedliche Traditionen, Topografien, Wirtschaftsformen und Mentalitäten in den unterschiedlichen Ländern ganz unterschiedliche Voraussetzungen dafür schaffen. So sind auch in den italienischsprachigen Teilen Norditaliens, im Piemont oder im Trentino, nicht alle Leute vom Wolf begeistert. Aber man arrangiert sich nach dem typisch italienischen Motto des „Leben und leben lassen". Ganz anders im deutschsprachigen Südtirol, wo wie in der Schweiz, in Österreich oder in Deutschland eher die Kontrollmentalität vorherrscht. Folgerichtig übertreffen die in Südtirol geführten „Wolfskriege" an Schärfe sogar noch jene in Österreich. Dass die Mitte und der Norden Deutschlands rasant durch die Wölfe wiederbesiedelt wurden, Bayern und Österreich dagegen kaum, erklärt sich am besten mit Mentalitätsunterschieden. Während man in den protestantisch geprägten Landen nördlich des Weißwurstäquators dazu neigt, Gesetze ernst zu nehmen und im Idealfall als Regelwerke für das Funktionieren der Bürgergesellschaft mehr oder weniger selbstverantwortlich befolgt, sind sie im katholisch und feudal geprägten Süden eher Kannbestimmungen, die man danach abklopft, wie man sie am besten zum eigenen Nutzen umgehen könnte. Darum gibt es dort auch eine ausufernde Wildtierkriminalität. Da auch der Staat die Exekution der eigenen Gesetze im Bereich Naturschutz nicht allzu ernst nimmt, ist in Österreich das Risiko minimal, für einen illegalen Abschuss belangt zu werden. Ein Wunsch ans Christkind bleibt allerdings die Hoffnung der Wolfsgegner, man würde auf EU-Ebene den Schutzstatus des Wolfes bald herabsetzen. Jedenfalls stellt unser Umgang mit dem Wolf eine Nagelprobe dafür dar, wie ernst wir es mit dem Natur- und Artenschutz nehmen.

Wie viele Wölfe gibt es wo in Europa?

Zahlen vermitteln den Eindruck objektiver Fakten. Die folgenden Angaben zur Anzahl der Wölfe in Europa sollte man aber mit Vorsicht genießen, denn Wölfe sind schwierig zu zählen. Ihre Zahl wird gewöhnlich durch zeitaufwendiges Beobachten, direkt oder mittels Wildkameras, ermittelt. Zudem kann man aus der Dichte von Wolfskot, durch die Reste ihrer Risse und durch Analysieren des Heulens auf die Zahl der Wölfe in einem Gebiet schließen. Natürlich hängt die Qualität der Daten auch davon ab, wer sie liefert: Biologen, Jäger oder staatliche Institutionen. Daher sind die folgenden Zahlen Richtwerte. Wenn ich davon berichte, dass zum Zeitpunkt des Erscheinens dieses Buches wieder 20.000 Wölfe in Europa leben, dann könnten es auch 15.000 oder 30.000 sein. Eine solche asymmetrische Streubreite erklärt sich aus dem wissenschaftlichen Hintergrund des Verfassers dieser Zeilen. Soll heißen, dass man seriös eher konservativ schätzt und so auf die Zahl 20.000 kommt. Ziemlich sicher sind es nicht unter 15.000, aber es könnten auch bereits 30.000 sein, etwa kurz vor dem Abwandern der Jungwölfe aus ihren Rudeln von Herbst bis in den späten Winter. In diesem Zeitraum werden allerdings viele von ihnen auf der Straße überfahren oder illegal getötet. Daher sind es vor den neuen Würfen Anfang Mai mindestens zehn Prozent weniger Wölfe als im Herbst zuvor. Die Zahl der Wölfe schwankt also auch jahreszeitlich. Daher wird das häufigste Wörtchen in diesem Abschnitt „etwa" sein.

Gegenüber den Zahlen, die von den Vertretern der Jagd oder der Landwirtschaft bzw. anderer wolfskritischer Lobbys stammen, sollte man vorsichtig sein, sie sind eher zu hoch als zu niedrig. Es kommt eben auf die politische Agenda an, die man verfolgt. Auf Basis (zu) hoher Zahlen kann man eben besser für eine Herabsetzung des Schutzstatus und die Notwendigkeit einer jagdlichen Regulierung argumentieren. Ähnliches gilt für die offiziellen Zahlen manch staatlicher Organisationen. Albanien und Rumänien etwa, überschätzen in ihren offiziellen Zahlen die Anzahl der Wölfe teils erheblich, wohl weil man EU-konform sein will und um die hohen illegalen Abschussraten zu verschleiern. Daher gibt es unterschiedliche in Zahlen gegossene „Objektivitäten", wobei man im Zweifel gut beraten ist, sich an das seriöse Monitoring der Biologen und unabhängiger Institutionen ohne politisches Interesse an den Zahlen zu halten. Falls es solche überhaupt gibt. Denn diese Wissenschaftler sollten sich an die Best-Practice-Modelle ihrer Zunft halten und sich nicht durch ihr allfälliges Interesse an der Rückkehr der Wölfe beeinflussen lassen. Wenn sie also relativ niedere Zahlen liefern, dann sollte das der Seriosität geschuldet sein, nur Zahlen zu melden, die auch nachweisbar sind bzw. seriös geschätzt werden können. Sollte. Aber auch Biologen und Naturschutzbewegte sind nur Menschen. Seriöse Datenquellen sind etwa die „Large Carnivore Initiative" der IUCN oder die DBBW, der (deutschen) Dokumentations- und Beratungsstelle zum Thema Wolf. Weil die sich aber strikt an die Zahl der nachgewiesenen Wölfe halten, unterschätzen sie in der Regel die tatsächliche Anzahl der Tiere.

In den meisten Fällen liegt die unzureichende Qualität der Zahlen schlicht daran, dass viel zu wenig Aufwand auf ein sachgerechtes Monitoring verwendet wird. Im seriösen Deutschland und im Nordwesten Europas funktioniert das noch einigermaßen, aber auch dort gibt es diesbezüglich Luft nach oben. Österreich bleibt auch bezüglich seines artenschutzrelevanten Wildtier-Monitorings einer der Schandflecke in Europa; und was in manchen südosteuropäischen Ländern diesbezüglich geschieht, ist nur schwer einzuschätzen.

Wölfe sind Weitwanderer

Die Realität der Rückkehr der Wölfe real zeigt sich vor allem auch darin, dass Mitteleuropa wieder zum „Wolfsgebiet“ wurde. Gerade Jungwölfe streifen sehr weit umher. Daher können jederzeit und fast überall – selbst in dicht besiedelten Gebieten – Wölfe auftauchen. So marschierte ein mittels Satelliten-Telemetriesender markierter Wolf – unter Nutzung von Autobahnbrücken und auch durch dicht besiedelte Gebiete – in nahezu gerader Linie in wenigen Tagen etwa 600 Kilometer von der Lausitz im Osten Sachsens bis an die holländische Grenze und wieder zurück. Offenbar fand er nicht, wonach er suchte. Andere Wölfe aus der Balkanpopulation wiederum schlugen sich entlang des ebenfalls dicht besiedelten Südrandes der Alpen bis ins Piemont durch, wo sie auf die italienische Population trafen. Und jene bis zu 50 Wölfe, die im Moment pro Jahr nach Österreich einwandern, kommen aus der deutsch-polnischen Population aus dem Norden, aus den Karpaten, über die Schweiz aus der italienischen Population und gelegentlich kommen auch Balkanwölfe über Slowenien. Die lange isolierten Populationen vernetzen sich wieder, was im Sinne der genetischen Vielfalt und des Artenschutzes eine gute Nachricht ist.

Tatsächlich gehören Wölfe zu den am weitesten wandernden Landtieren. Eine 2020 erschienene Zusammenfassung internationaler Wildbiologen zeigt, dass neben den nordamerikanischen Karibus manche Wölfe übers Jahr die weitesten Strecken aller Landtiere zurücklegen, auf der Suche nach Nahrung oder Partnern. So wanderten mongolische Wölfe auf der Suche nach ihrer Beute, den Wildeseln und baktrischen Kamelen, pro Jahr fast 8.000 Kilometer weit und manche nordamerikanischen Wölfe ziehen jährlich mit den Karibus etwa 6.000 Kilometer in den Norden und wieder zurück. Bei den territorialen kanadischen Grauwölfen können es immerhin noch 2.000 Kilometer werden. Das weiß man von Wölfen, die mit Telemetriesender ausgestattet wurden. Ihre Wege können so auf Meter und Minute genau per Satellit verfolgt werden. Den bisherigen Weitwander-Weltrekord stellte aber eine amerikanische Wölfin auf. OR-54 stammte aus Oregon und erhielt dort 2017 einen Sender. Sie war übrigens eine Tochter des ersten Wolfsrüden, der seit 100 Jahren nach Kalifornien eingewandert war. OR-54 verließ ihr Rudel und lief zwei Jahre lang kreuz und quer durch den Norden Kaliforniens, offenbar auf erfolgloser Suche nach einem Partner. Seit Jänner 2018 legte sie dabei 14.000 Kilometer zurück. Sie lief also in diesen zwei Jahren mehr als viermal die Distanz von Wien zum Nordkap. Oder etwa täglich im Schnitt mehr als 20 Kilometer. Eine recht erstaunliche Leistung, wenn man bedenkt, dass sie in dieser Zeit auch noch jagen, fressen und ruhen musste. Leider gab es kein Happy End. Im Dezember 2019 bewegte sie sich nicht mehr und wurde kurz danach aufgefunden, gewildert.

Es bleibt schwierig, die Zahl solcher wandernden Jungwölfe für Österreich oder Deutschland einigermaßen korrekt zu schätzen, weil sich Wölfe auf Wanderschaft unauffällig verhalten, nicht heulen und sich kaum blicken lassen. Sie verhalten sich nicht nur aus Furcht vor Menschen vorsichtig, sondern vor allem, um lebensgefährliche Begegnungen mit bereits niedergelassenen Wölfen zu vermeiden. Einen Eindruck zur Zahl dieser Wölfe liefern die Nachweise ihres Erbguts von Rissen. Damit unterschätzt man sie aber, da sich nicht alle Wanderwölfe am Weidevieh vergreifen. Wenn es rasch gelingt, von einem frisch getöteten Schaf oder Reh eine Probe zu bekommen, kann man daraus über anhaftende Zellen aus der Mundschleimhaut des Beutegreifers nachweisen, ob es sich um Wolf, Hund, Fuchs oder Goldschakal handelte und sogar, um welches Individuum. Man kann so auch über getötete Beutetiere die Wanderwege einzelner Wölfe verfolgen. Die Zahl der Rudel in einem Gebiet kann man mittels Wildkameras und Losungen nachweisen, oder auch, indem man mittels Lautsprecher das Geheul fremder Wölfe abspielt und so die Ansässigen zur Antwort provoziert. Aber nur mit hohen Beobachtungsdichten kann man einigermaßen genau abschätzen, wie viele Tiere diese Rudel umfassen und wann diese wohin abwandern. Das schwierige Wolfs-Monitoring und vor allem zu wenig davon erklärt, warum selbst die Daten der Biologen nicht unbedingt in Stein gemeißelt sind. Aus genetischen Nachweisen von Rissen ergibt sich jedenfalls, dass die Zahl der nach Österreich einwandernden Wölfe zunimmt, 2021 waren es etwa 50.

Waren Wölfe einst von den Wüsten des Mittleren Ostens bis nach Indien, im Osten bis an die sibirisch-chinesische Pazifikküste und nach Norden bis jenseits des Polarkreises ansässig, so schränkte sich ihre Verbreitung mit dem zunehmenden menschlichen Wirtschaften ein. Heute leben maximal etwa 200.000 Wölfe weltweit, vor allem in den nördlichen Teilen der Nordhalbkugel. Lässt man aber Hunde als domestizierte Wölfe gelten, so muss man nochmals eine Milliarde dazuzählen, davon mindestens 70 Prozent in halbwilden Rudeln in oder am Rande der Städte der Welt. Heute leben in Europa etwa 20.000 Grauwölfe, Tendenz steigend. 2021 waren es laut Angaben der Large Carnivore Initiative for Europe 17.000. In Russland gibt es vielleicht 40.000 Wölfe und auf dem nordamerikanischen Kontinent über 60.000, 50.000 davon in Kanada. Die meisten Wolfspopulationen in Europa und Nordamerika expandieren, manche werden aber ausgerottet, wie zuletzt eine Form des iberischen Wolfes in einer südlichen Sierra Spaniens. Auch in den westlichen Bundesstaaten der USA gibt es immer wieder gezielte lokale Ausrottungsaktionen.

In Skandinavien stagniert die südliche Wolfspopulation im schwedisch-norwegischen Grenzgebiet bei etwa 300 Tieren. Über den Karpatenbogen leben etwa 4.000 Wölfe, wobei es für die östliche Slowakei als traditionelles Wolfsgebiet keine verlässlichen Zahlen gibt. Die Wolfsrudel in der Tschechischen Republik verteilten sich entlang der Landesgrenzen, neuerdings etablierten sich Wölfe aber auch bereits knapp nördlich von Prag. Die meisten der Karpatenwölfe leben in Rumänien. Für dieses Land findet man Zahlen von 3.000 bis 12.000 (!). Realistisch sind wahrscheinlich 3.000 bis 4.000, nicht wenig für ein Land mit florierender Schaf-Weidewirtschaft. In den bergigen Gebieten im Norden und Nordosten Tschechiens, in der Tatra und im Erz- und Riesengebirge verschwanden die Wölfe nie ganz. Es hielt sich die alte Tradition der mithilfe von Hunden geführten Schafherden. Daher bereitet dort die Rückkehr der Wölfe keine allzu großen Probleme.

Weil es vor allem aus Portugal keine verlässlichen Zahlen gibt, ist schwierig abzuschätzen, ob auf der Iberischen Halbinsel die Anzahl der Wölfe zunimmt oder ob eine heftige Wilderei die Zahlen eher sinken ließ. Rücksichtslose Verfolgung führte jedenfalls zum Erlöschen einer südlichen Population in der spanischen Sierra Morena. Wie auch in Italien ist neuerdings jeglicher Abschuss von Wölfen in Spanien verboten, ein Verdienst der dortigen aktiven NGOs. Solange man aber die Wilderei nicht in den Griff bekommt, welche auch andere Wildtiere betrifft, bleibt ein solcher Totalschutz Theorie. Jedenfalls nimmt die Anzahl der Wölfe in Skandinavien, in Zentraleuropa, in den Alpen und in Italien mehr oder weniger zu, im Baltikum und über den Karpatenbogen bleiben die Wolfspopulationen wahrscheinlich gleich oder nehmen ob der Wilderei ab und bezüglich der Populationen auf der Iberischen Halbinsel und auf dem Balkan weiß man es aufgrund der fehlenden oder unzuverlässigen Datenlage nicht.

Das Verbreitungsgebiet des Wolfes

Ursprüngliche und gegenwärtige weltweite Verbreitung der Wölfe. Sie wurden zurückgedrängt, leben aber immer noch über weite Bereiche der Nordhalbkugel.

Ursprüngliche Verbreitung

Heutige Verbreitung

Land/Gebiet in Europa	Anzahl der Wölfe	Bemerkungen
Skandinavien (Schweden, Norwegen, Finnland)	600–1.000	Vorwiegend im südschwedisch-norwegischen Grenzgebiet bzw. im karelischen Teil Finnlands
Dänemark	10	
Baltische Staaten (Estland, Lettland, Litauen)	200–300	
Polen	2.000–3.500	
Deutschland	1.500–2.000	
Karpatenbogen (Tschechische Republik, Slowakei, Rumänien, Ungarn und Serbien)	4.000–12.000	Die meisten davon in Rumänien, realistisch sind dort etwa 4.000
Dinarische Population (Balkan: Slowenien, Kroatien, Bosnien, Montenegro, Nordmakedonien, Albanien, Serbien, Griechenland und Bulgarien)	4.000–6.000	Die meisten in Kroatien und im nördlichen Griechenland
Frankreich	400–600	Die meisten davon in den französischen Alpen
Iberische Halbinsel (Spanien, Portugal)	2.000–3.000	Die meisten davon im galicischen Grenzgebiet zwischen Spanien und Portugal
Schweiz	130–150	
Italien	2.000–3.000	Von der Südspitze des „Stiefels“ über das zentrale Gebirge bis in die nördlichen Teile der Alpen
Österreich	20–50	Seit 2017 ein einziges Rudel in Allentsteig, der Rest sind Zuwanderer, die rasch wieder „verschwinden“
Gesamt	**15.860–31.600**	

Stand 2021

Die Wolfspopulationen in Europa

Zahlen (linke Seite) und heutige Verbreitung der Wölfe in Europa (rechte Seite).

Quelle: Stiftung Euronatur, bearbeitet

Die flexiblen Wölfe überfordern offenbar unsere Fähigkeit, Daten zu sammeln. Angesichts ihrer raschen Rückkehr in Teilen Europas ist es verstörend, wie stark das gesicherte Wissen darüber hinterherhinkt – auch weil das Monitoring in nicht wenigen Fällen aktiv verhindert wird. Etwa von Regierungen, Behörden und auch Grundbesitzern, die aus mancherlei Gründen kein Interesse daran haben. Zudem liegt es daran, dass man einfach nicht genügend Know-how und Potenzial für ein gutes Monitoring hat, weil es an den Universitäten viel zu wenige unabhängige Wildbiologen und Ökologen gibt, die das erforderliche Personal ausbilden und das Monitoring durchführen. Die beiden bekannten Institute für Wildbiologie in Österreich, das eine an der Universität für Veterinärmedizin angesiedelt, das andere an der Universität für Bodenkultur, reichen dazu nicht aus und werden zudem auch teilweise von der Jagdwirtschaft finanziert. Diese Institutionen sind daher nicht unabhängig und sicherlich nicht neutral. Es scheint die Universitäten wenig zu stören, dass damit ein Stück weit Etikettenschwindel gegenüber einer Öffentlichkeit betrieben wird, die sich von ihnen zu Recht unabhängige Expertise erwartet. Einschlägigen Publikationen aus diesen Instituten ist die Nähe zur Jagd durchaus anzumerken, wie etwa dem an sich sehr informativen Buch von Klaus Hackländer *„Er ist da. Der Wolf kehrt zurück“* (2020).

Wölfe in Deutschland

Wo die am schnellsten wachsende Wolfspopulation der Welt lebt? In Deutschland! Beginnend mit dem Jahr 2000 breiteten sich Wölfe über den gesamten Norden des Bundesgebietes aus, mit Ablegern in den südlicheren Ländern. Daher wird Deutschland im Vergleich mit den anderen deutschsprachigen Ländern in diesem

Wolfsvorkommen in Deutschland

Verbreitung der Wölfe in Deutschland um 2021.

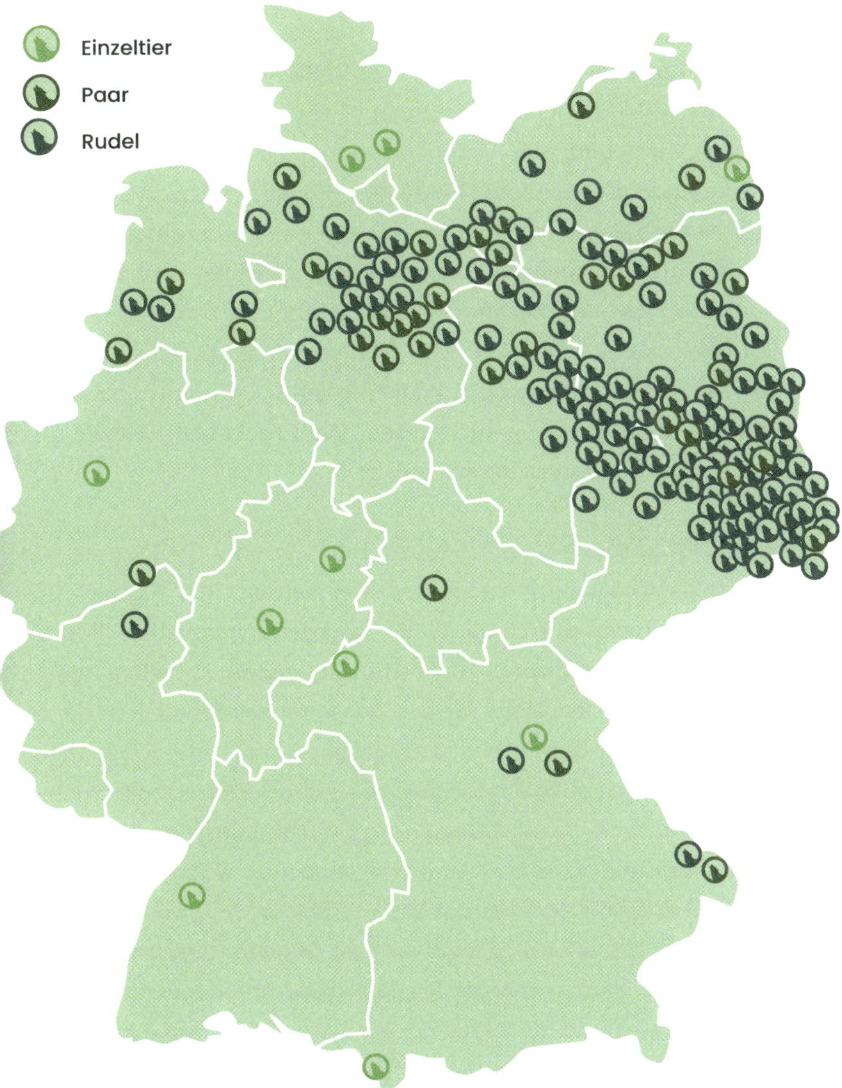

Quelle: Deutsches Bundesamt für Naturschutz und NABU Deutschland, bearbeitet

Buch vorrangig behandelt. Der Eiserne Vorhang an der Zonengrenze war bis zu seinem Fall 1990 auch ziemlich dicht für Wölfe und andere Wildtiere. Das erste Wolfsrudel siedelte sich aus dem Nordosten kommend auf einem ganz östlich gelegenen Truppenübungsplatz in der sächsischen Oberlausitz an. Von dort und über weitere Zuwanderung breiteten sich Wölfe im Zuge eines bislang exponentiellen Populationswachstums vor allem in Richtung Westen aus, erreichten den Atlantik im Bereich der Elbemündung, die Niederlande, Belgien und Dänemark. Sie breiteten sich auch südlich bis nach Bayern und Österreich aus, wo sie allerdings auf starken Widerstand stießen. Laut offizieller Zahlen der deutschen Dokumentations- und Beratungsstelle des Bundes zum Thema Wolf (DBBW) gab es im Herbst 2017 in Deutschland bereits 56 Rudel, 19 Paare und es wurden 215 Welpen bestätigt. Diese Angaben beruhen auf verifizierten Nachweisen. Die tatsächliche Anzahl war vielleicht auch damals bereits höher.

Für 2019/20 stellte man 175 Territorien fest, also Gebiete, die von einem Wolfspaar oder -rudel verteidigt werden. In 117 dieser Territorien vermehrten sich die Wölfe, insgesamt wurden 436 Welpen bestätigt. Es ist allerdings nicht sinnvoll, hier die aktuellen Zahlen der Dokumentationsstelle für den Zeitpunkt des Entstehens dieses Manuskripts im Herbst 2021 anzugeben, da dafür die Erhebungen der DBBW noch nicht abgeschlossen waren. Seriöse Quellen geben übrigens keine Gesamtzahlen an, weil die Rudelgrößen übers Jahr schwanken und zudem nicht immer eindeutig feststellbar sind – und weil die Zahl der allein umherstreifenden Jungwölfe nur grob geschätzt werden kann. Einem solchen Objektivitätszwang unterliege ich hier nicht, weswegen ich eine grobe Schätzung für 2020/21 versuche. Während die Größe der Pionierrudel an den Fronten der Ausbreitung im Frühjahr bei etwa vier Tieren liegt und nach Geburt der Jahreswelpen etwa auf das Doppelte zunimmt, stiegen die Rudelgrößen in den bereits mit Rudeln gesättigten Gebieten im Osten Deutschlands wohl aufgrund der verstärkten Konkurrenz bereits auf acht bzw. zwölf. Wenn man also für das Bundesgebiet grob 150 reproduzierende Rudel annimmt, die samt Jahreswelpen je etwa zehn Köpfe zählen, dann kommt man auf 1.500 Wölfe. Plus wahrscheinlich noch an die 500 umherstreifenden oder bereits ortsfesten Einzeltiere und Paare. Ende 2021 lebten daher, meiner Schätzung zufolge, um die 2.000 Wölfe in Deutschland, in den Bundesländern Bayern, Brandenburg, Mecklenburg-Vorpommern, Niedersachsen, Sachsen, Sachsen-Anhalt und Thüringen. Tendenz immer noch steigend, wenn auch wahrscheinlich nicht mehr exponentiell – nicht, weil sie reguliert werden, sondern weil die Konkurrenz unter den in gut für Wölfe geeigneten Gebieten steigt. Die Rudel bekämpfen einander und verhindern, dass sich neue Wölfe ansiedeln können.

Diese rasante Ausbreitung der Wölfe in die Fläche beeindruckt. Als Naturwissenschaftler sehe ich zudem ein gigantisches natürliches Experiment, das höchst wichtige Erkenntnisse lieferte – und in Zukunft noch liefern wird. Dieses Experiment in Deutschland besteht darin, die Wölfe einfach gewähren zu lassen, ohne „regulierend" einzugreifen. Zwar wurden in diesen zwei Jahrzehnten eine Handvoll Wölfe legal abgeschossen, weil sie durch vorheriges Anfüttern ihre Distanz zu Menschen verloren hatten und damit problematisch wurden. Diese Wölfe können einem sicherlich leidtun, Sorgen muss man sich aber nicht machen, denn solche seltenen Abschüsse verhindern vorsorglich mögliche Übergriffe durch Wölfe und dienen daher dem Schutz der Menschen wie auch der Wolfspulation. Schwerer wiegen ein paar hundert illegale Abschüsse seit Beginn der Ausbreitung um das Jahr 2000. Die genauere Zahl ist kaum zu schätzen, jedenfalls fiel ihnen nur ein Bruchteil der Wölfe zum Opfer. Es gibt allerdings Anzeichen, dass auch in Deutschland die Wilderei zunimmt, aber immer noch in einem Rahmen, der die weitere Entwicklung der Population kaum gefährdet. Die bei Weitem wichtigste Todesursache der deutschen Wölfe war der Straßenverkehr, an zweiter Stelle bereits steht die Gefahr, durch fremde Wölfe getötet zu werden, an dritter Stelle die Wilderei. Auch die deutsche Wolfspopulation entwickelte sich also nicht völlig unbejagt, aber zumindest hielten sich die illegalen Abschüsse in Grenzen.

Das deutsche Großexperiment erbrachte einige wichtige Ergebnisse:

- Erstens zeigte sich, dass Wölfe für Menschen wohl nicht so gefährlich sein können, wie manche meinen. Denn wären sie es, dann wären bei der teils engen Verzahnung der Wolfsterritorien und der menschlichen Aktivitäten und Siedlungen schon längst Personen zu Schaden gekommen. Dagegen verursachen Wildschweine jedes Jahr einige Verletzte und gelegentlich sogar Tote. Dass in Deutschland bei Jagdunfällen und kriminellen Gewalttaten durch Jäger pro Jahr etwa zwei Dutzend Menschen ums Leben kommen, sei hier nur am Rande erwähnt. Unfälle mit Pferden, Rindern oder Hunden verursachen jedes Jahr viele Verletzte und einige Tote. Sie hier mit den fehlenden Unfällen mit Wölfen zu vergleichen, wie es nicht selten getan wird, wäre aber unseren Nutz- und Kumpantieren gegenüber unfair, weil wir natürlich viel öfter mit Pferd und Hund in Kontakt kommen, als mit Wölfen.
- Zweitens zeigte das deutsche Großexperiment, dass entgegen den Prognosen mancher Pessimisten die etablierten Rudel auch im Kulturland in der Regel nicht von Nutztieren leben, sondern

ganz überwiegend von Schalenwild, also Rehen, Hirschen und Wildschweinen.

- Drittens rotten Wölfe das Wild nicht aus und verringern dessen Dichten kaum, weil es dazu eine wesentlich höhere Wolfsdichte bräuchte, die aber nicht entsteht, weil die Wölfe selber dafür sorgen, dass ihre Dichten nicht in den Himmel wachsen. Ausnahme ist das zu Jagdzwecken eingesetzte, aus dem wolfsfreien Korsika stammende Mufflon. Ihm fehlt im Flachland auch die Rückzugsmöglichkeit. Der Wolf sorgt sozusagen hier für eine Flurbereinigung und entfernt eine Art, die ohnehin nicht nach Mitteleuropa gehört.
- Viertens zeigte sich klar, dass Wölfe nicht jagdlich reguliert werden müssen, weil ihr eigener dichteabhängiger Regulationsmechanismus auch in der Praxis funktioniert. Daher steigen lokale Wolfsdichten trotz hoher Vermehrungsraten nicht über einen gewissen Wert an.
- Fünftens ist es nicht nötig, Wölfe regelmäßig zu beschießen, um sie menschenscheu zu halten. Das sind Wölfe von sich aus, wobei gelegentliche Exkursionen neugieriger Jungwölfe in die Nähe der Menschen die Regel bestätigen. Natürlich könnte man hier einwenden, dass auch in Deutschland Wölfe gelegentlich illegal beschossen werden, was dazu beitragen könnte, sie scheu zu halten.
- Sechstens funktioniert gerade im Flachland der Herdenschutz ziemlich problemlos mittels geeigneter Elektrozäune. Nie zu hundert Prozent, denn gelegentlich lernen Wölfe, die Barriere zu überwinden, etwa den Schutzzaun zu überspringen. Dass sie das so selten versuchen, grenzt ohnehin an ein Wunder. Hat ein Wolf aber einmal zu springen gelernt, wird es problematisch; das kann in einen lokalen Rüstungswettlauf zwischen höheren Zäunen mit Sprungdrähten und

Flatterbändern und einem immer ausgefuchsteren Wolf ausufern, der schließlich auch das Kriterium für „Problemwolf" nach FFH-Richtlinie erfüllt und daher mit behördlichem Bescheid legal „entnommen" werden darf. Theoretisch, denn meist erwischt man gerade diesen Wolf nicht. In der Regel versuchen Wölfe aber, unter Zäunen durchzuschlüpfen, nicht aber zu springen. Es reicht ihnen die Erfahrung mit einem Stromstoß, um zu lernen, Schafe zu meiden, und dieses Verhalten auch an die Nachkommen weiterzugeben.

Das Prinzip von Herdenschutz besteht immer darin, für die Beutegreifer den Zugang zu den Nutztieren teurer und schwieriger zu machen, sie halten sich dann an das einfacher verfügbare Wild. Dennoch reißen die Proteste der Weidetierhalter nicht ab. Grund dafür ist meistens eine kleine Minderheit von Tierhaltern, die ihre Anlagen nicht fachgerecht in Schuss halten, vergessen, den Strom einzuschalten, oder den Zaun verkrauten lassen. Damit ermöglicht man den Wölfen zu lernen, wie sie das Hindernis überwinden können, was dann tatsächlich zu Problemen führt. 2019 wurden in Deutschland bei über 800 Wolfsangriffen etwa 2.500 Nutztiere getötet. Die meisten dieser toten Weidetiere waren aber nicht sachgerecht geschützt. In Hinblick auf die relativ große Wolfspopulation sind das nicht allzu viele Schafe, Jungrinder und Fohlen; ihre Anzahl steigt zwar über die Jahre, aber der Anteil der getöteten Weidetiere pro Wolf geht vor allem aufgrund von Herdenschutz zurück. Genaue Zahlen sind auch deswegen schwierig anzugeben, weil nicht alle Opfer eindeutig dem Wolf zugeordnet werden können. Trotz der Verluste an den Wolf zeigt Deutschland, dass man sich arrangieren kann, wenn auch nicht ohne Aufwand. Es wird spannend zu beobachten sein, wie diese Geschichte weitergeht.

Diese grundlegenden Ergebnisse und Erfahrungen, die man aus der Erfahrung mit Wölfen in Deutschland gewonnen hat, entkräften viele Mythen und Fehlinformationen rund um den Wolf. Sie wären ohne das „große deutsche Experiment" nicht möglich gewesen. Dafür gebührt der disziplinierten und gesetzestreuen deutschen Bürgergesellschaft nördlich des Weißwurstäquators große Anerkennung. Ich kann mir nicht viele Länder in Europa oder anderswo vorstellen, wo man die Geduld, Gelassenheit, Gesetzestreue und Disziplin für ein solches Großexperiment aufgebracht hätte. Vielleicht mit Ausnahme Italiens, wo man offenbar auf Gelassenheit, Innovationsbereitschaft und rasches Einstellen auf den Wolf setzt.

Wölfe in Österreich und Südtirol

Leider klappt im Gegensatz zu Deutschland oder auch Italien der gesetzeskonforme Schutz der Wölfe in Österreich so gut wie gar nicht. Gegen Mitte und Ende des 19. Jahrhunderts wurden die letzten Wölfe im Wienerwald und in der Steiermark abgeschossen. Aber aufgrund gelegentlicher Zuwanderer war der Wolf auch in Österreich nie ganz weg. Während des vergangenen Jahrzehnts wurde die Zuwanderung intensiver, die meisten dieser Wolfspioniere wurden abgeschossen – „leider mit einem streunenden Hund verwechselt" wie etwa jener große Wolfsrüde, der 2002 nahe Bad Ischl getötet wurde. Am niederösterreichischen Truppenübungsplatz Allentsteig schafften es 2016 schließlich zwei nicht verwandte Wölfe aus der Lausitz, mit ihrer ersten Reproduktion ein Rudel zu gründen. Seitdem gibt es jedes Jahr Nachwuchs, über dessen Verbleib man aber wenig weiß.

Um 2018 siedelten sich zwei weitere Wolfspaare im nördlichen Waldviertel an, die aber bereits 2020 nicht mehr nachweisbar waren. Verschwunden, verdunstet, direkt in den Himmel aufgefahren? Man weiß es nicht. Jedenfalls verschwinden Rudel nicht von selbst. Jedes Jahr wandern aus den angrenzenden Populationen Wölfe nach Österreich ein. Etwa 50 konnten 2021 genetisch nachgewiesen werden, 2020 waren es 40. In demselben Jahr töteten sie 293 Nutztiere, 257 davon in Tirol, fast alle der Opfer waren ungeschützt. Das entspricht weniger als drei Prozent der insgesamt etwa 8.000 verlorenen Schafe, mit den Hauptursachen Wetter (Blitzschlag), Krankheit, Steinschlag, Absturz. Mehr als 400 Weidetiere wurden 2021 von Wölfen getötet. Durch Herdenschutz könnte man – wie das Beispiel der Schweiz zeigt – die Zahl der Wolfsopfer auf etwa zehn Prozent verglichen mit dem ungeschützten Zustand drücken und die Verluste von Weidetieren durch andere Ursachen auf die Hälfte reduzieren.

Dass es trotz gut geeigneter Wolfshabitate in Österreich dennoch zu keinen weiteren Rudelgründungen kam, ist vor allem dem illegalen Abschuss geschuldet. Wissenschaftliche Modellrechnungen deutscher Wildbiologen belegen, dass die nur langsame Rückkehr der Luchse, Wölfe und Bären nach Mitteleuropa hauptsächlich auf intensive Wilderei zurückzuführen ist; selten, aber doch findet man auch ein *Corpus Delicti* dazu. Offenbar hat man Angst vor der langfristigen Etablierung einer Wolfspopulation im Sinn der FFH-Richtlinie – was man auf Dauer aber nicht wird verhindern können. Man berücksichtigt offensichtlich nicht, dass etablierte Rudel zur Stabilisierung der Situation führen könnten, und weigert sich noch weitgehend, Herdenschutz auch nur in Erwägung zu ziehen. Aber langsam – zu langsam – beginnt man sich darauf einzustellen, obwohl es seit 2013 einen breit akkordierten „Managementplan Wolf" gibt. Was man aber vergessen zu haben scheint.

Positiv zu werten ist die 2019 erfolgte Gründung eines „Kompetenzzentrums Wolf, Bär und Luchs“ im steirischen Raumberg-Gumpenstein durch Bund und Bundesländer unter Beteiligung von Stakeholdern wie Landwirtschaft, Jagd und WWF. Und seit 2020 versucht ein von der Bio Austria, der Wilderness Society und anderen betriebenes EU-LIFE-Projekt (LIFEstock) den Herdenschutz voranzutreiben. Gegen große Widerstände der Weidetierhalter, also jener, die eigentlich davon profitieren sollten. Da ein Wolfsrudel bei guter Nahrungsversorgung eine Reviergröße von 200 bis 500 Quadratkilometern beansprucht, ist ihr Schutz allein in den österreichischen Nationalparken nicht möglich. Diese umfassen ja bloß 2,6 Prozent der Staatsfläche und damit rund 2.400 Quadratkilometer. Und selbst diese Nationalparke, von denen sich der gutmeinende Staatsbürger erwartet, dass sie vor allem dem Natur- und Artenschutz dienen, werden noch stark jagdlich und landwirtschaftlich genutzt, daher gibt es sogar in diesen Schutzgebieten große Widerstände gegen den Wolf.

Das kleine Südtirol glänzt zwar mit acht National- und Naturparks, aber auch sie sind viel zu klein, um den Schutz der Wölfe darauf begrenzen zu können. An der Grenze zum Trentino und zur Schweiz siedelten sich einige Wolfspaare und -rudel an, die auch in Südtirol aktiv sind. Die lokale Reaktion gleicht stark jener in Nordtirol. Es wird illegal geschossen und vergiftet. Und natürlich gibt es heftige Diskussionen und auch eine ausgeprägte Hetze gegen den Wolf, etwa durch Politiker verschiedener Couleur, sekundiert durch diverse Lokalmedien, insbesondere eine Bozner Tageszeitung. Tatsächlich bleibt die Wolfsbilanz durchzogen. Von 2017 bis 2020 gab es nach einer langen Zeit, in der Südtirol nur von einzelnen Wölfen besucht wurde, ein reproduzierendes Rudel im Bereich Nonsberg/Ultental. Im Jahr 2018 wurden 13 Wölfe genetisch in

Südtirol nachgewiesen, 2019 gab es etwa 40 Wölfe und vier Rudel, wobei das im Lüsnertal lebende offenbar als einziges ausschließlich innerhalb Südtirols aktiv ist. Italien erließ unlängst ein totales Abschussverbot für Wölfe im Staatsgebiet und erstellte bereits lange zuvor einen nationalen Aktionsplan, der beim Monitoring auch NGOs einschließt. Der Südtiroler Alpenverein wollte sich daran beteiligen, das Programm wird jedoch durch die Landesregierung boykottiert. Wie in Österreich steckt man auch in Südtirol den Kopf noch viel zu sehr in den Sand. Daher bleibt das Wissen zu den Wölfen begrenzt und eine Befriedung der Situation lässt weiter auf sich warten.

Sehr im Gegensatz zum südlich angrenzenden Trentino übrigens, wo man im Rahmen lokaler und gesamtitalienischer Programme Wert auf Monitoring legt. Dort gab es 13 Wolfsrudel im Jahr 2019, 2021 waren es bereits 22. Dennoch wurden 2021 rekordverdächtige 60.000 Schafe aufgetrieben, etwa ein Drittel mehr als im Jahr zuvor. Grund dafür ist professioneller Herdenschutz in Form einer Umstellung der Schafhaltung auf ständig behirtete, von Hunden bewachte Herden. Man hat in dieser italienischen Provinz rasch reagiert und die Almbewirtschaftung unter Nutzung der zur Verfügung stehenden EU-Förderungen umgestellt. Ein Modellfall dafür, dass der Wolf nicht der „Totengräber der Almwirtschaft“ sein muss, sondern zu deren Förderer werden kann – wenn man mit und nicht gegen Wolf und EU arbeitet.

In Südtirol ist man noch nicht so weit, in Nordtirol auch nicht. Dort meinte im Herbst 2021 ein Funktionär der Landwirtschaftskammer, man wolle die Fördermittel der EU für den Herdenschutz nicht abrufen, weil man ja schließlich EU-Nettozahler sei und sich damit diese Maßnahmen ja selber zahlen würde (!).

Diese Argumentation richtet sich selber, denn Nettozahler ist Österreich sowieso, über Förderungen für den Herdenschutz könnte man sich einen Teil dafür wieder zurückholen. Am italienischen Alpenrand ist man diesbezüglich flexibler. In Friaul wurden etwa Mitte Oktober 2021 mehrere unter Hundeassistenz ständig behirtete Herden zu je mehr als 1.000 Schafen ins Flusstal des Tagliamento abgetrieben, dessen Randzonen – vom südlichen Alpenrand bis an die Adria – sie bis in den Winter beweiden. Es scheint, als würde mit Ausnahme des strukturkonservativen Tirol in seinen nördlichen und südlichen Teilen die Schafhaltung entlang des südlichen Alpenrandes blühen, und zwar nicht trotz, sondern wegen des Wolfes.

Wölfe in der Schweiz

Ab 1995 intensivierte sich die Einwanderung von Wölfen in die Schweiz, vorwiegend aus Italien und Frankreich, wo sich ab 1992 ebenfalls aus Italien kommende Wölfe dauerhaft angesiedelt hatten. Die ersten Rudel in der Schweiz bildeten sich ab 2012, 2020 wurden bereits 105 wild lebende Wölfe registriert, um 28 mehr als 2019. Bis 2021 etablierten sich zehn Rudel vor allem im Osten und entlang der Grenzen im Süden. Der Wolf ist in der Schweiz ähnlich streng geschützt wie in der EU. Dennoch gibt es vor allem in der deutschsprachigen Schweiz, besonders im Wallis, anhaltende Widerstände gegen seine Wiederkehr und es kommt auch zu illegalen Abschüssen. Gleichzeitig aber schafft ein exzellentes Monitoring verlässliches Wissen und die staatlichen Verwaltungen nehmen ihre Verantwortung wahr, wenn es auch unterschiedliche Regelungen zur Kompensation von Schäden und zur Entnahme der Wölfe in den einzelnen Kantonen gibt, die nicht immer besonders sinnvoll

Wolfsvorkommen in der Schweiz

Die Verbreitung der Wölfe in der Schweiz 2021.

Rudelgebiete

Nachweise

Hinweise/Sichtungen

Quelle: CHWOLF, bearbeitet

erscheinen mögen. Etwa das Erteilen einer Abschussgenehmigung für einen Wolf in einem Gebiet, in dem 20 Schafe oder mehr gerissen wurden. Ohne Herdenschutz und Identifizierung des Übeltäters kommt das einer Geiselerschießung gleich und bewirkt gar nichts, außer vielleicht Rachegefühle zu bedienen. Eine große Rolle beim Schutz der Wölfe und beim Ausarbeiten von Lösungen für ein konfliktarmes Zusammenleben spielen die auf Basis der typisch Schweizer Bürgergesellschaft starken NGOs, wie etwa CHWOLF oder ProNatura.

Wie in Österreich geht auch in der Schweiz die Zahl der gealpten Weidetiere unabhängig von der Einwanderung der Wölfe über die Jahre langsam zurück. In den Schweizer Bergregionen weideten im Sommer 2020 etwa 700.000 Tiere, 200.000 davon Schafe, die besonders durch Wölfe gefährdet sind. Pro Jahr gehen aus verschiedenen Ursachen etwa zwei Prozent der gealpten Schafe verloren, also etwa 4.700 Tiere. Davon werden etwa 600, also 0,3 Prozent des Gesamtverlustes von großen Beutegreifern, vor allem Wölfen, gerissen, die meisten davon in ungeschützten Herden. Diese Zahl schwankt stark zwischen den Jahren und Regionen. Aus geschützten Herden wurden „bloß“ 100 Schafe gerissen. Zunehmend bildet man auch in der Schweiz große Herden, die ständig von Hirten unter Assistenz von Herdenschutzhunden geführt werden. Herdenschutz wirkt, aber natürlich nie hundertprozentig. Das zeigt sich auch daran, dass in der Schweiz, wie auch etwa in Niedersachsen, die Zahl der gerissenen Schafe pro Wolf zurückgeht. Das ist hauptsächlich auf Herdenschutz zurückzuführen und freilich auch darauf, dass manche Bauern statt in Herdenschutz zu investieren, ihre Tiere nicht mehr auftreiben. Und auch darauf, dass ein Großteil der Schweizer Wölfe in Rudeln lebt, welche die Situation stabilisieren, weil sie sich – wie anderswo auch – auf die Erbeutung von Wildtieren spezialisieren und Weidetiere eher in Ruhe lassen. Vor allem dort, wo der Herdenschutz funktioniert. Auch in diesem Fall ist der Wolf also keinesfalls „der Totengräber der Weidewirtschaft", aber er beschleunigt den ohnehin stattfindenden Strukturwandel.

In diesen Rechnungen gar nicht berücksichtigt ist, dass mit dem wolfsbedingten Herdenschutz die Schafsverluste pro Jahr um etwa 50 Prozent auf die oben erwähnte Zahl von 4.700 zurückgingen, weil mal besser auf die Tiere aufpasste. Es starben dadurch weniger Schafe an Krankheiten, stürzten ab oder wurden entwendet. Damit bewirkt der Wolf wie auch am italienischen Alpenrand paradoxerweise eine wesentliche Verringerung der Gesamtverluste der gealpten Schafe. Klar, dass mit dem Herdenschutz im alpinen Gebiet der Aufwand für die Schafshaltung wesentlich steigt und dass die verringerten Schafsverluste diesen Aufwand nicht ausgleichen, denn der Gegenwert für jene 4.000 Schafe, die man nicht verliert, würde „bloß" etwa 800.000 Euro ausmachen. Das spielt aber nur eine kleine Rolle, wird die Schafswirtschaft in der Schweiz doch ohnehin mit satten 35 Millionen Schweizer Franken pro Jahr (!) subventioniert, also mit etwa 120 Franken pro Schaf! Die Rolle des Wolfes in der Kostenstruktur der Schweizer Schafshaltung mit oder ohne Herdenschutz ist daher beinahe zu vernachlässigen.

Jedenfalls kann sich die reiche Schweiz diesen Kulturwechsel von unbeaufsichtigten zu geführten Weidetieren auf den Almen leisten. Das kann die wohlhabende EU auch, der zudem mehr Regionalität in der Landwirtschaft nicht schaden würde. Wir alle bekommen ja etwas für diese Art des Herdenschutzes: Mit der Behirtung steigt der ökologische Wert der Weidewirtschaft, da Gebiete gleichmäßiger genutzt werden und es daher weniger überweidete Hotspots gibt, was wiederum die Biodiversität vor allem der Flora fördert. Zudem ist es unangemessen und nach österreichischem Tierschutzgesetz eigentlich sogar unzulässig, domestizierte Tiere wie Schafe unbeaufsichtigt in die Landschaft zu stellen und sie damit Gefahren auszusetzen, einschließlich des Risikos, durch einen Wolf gerissen zu werden. Bauern als Besitzer der Weidetiere haben ja ihren Aufsichts- und Fürsorgepflichten nachzukommen. Auch aus diesem Grund führt an sachgerechtem Herdenschutz besonders im bergigen Gelände kein Weg vorbei. Natürlich: Solange die europäischen Schafbauern – mit Ausnahme der Schweizer mit ihrem abgeschotteten Agrarmarkt – mit dem Billiglamm aus Neuseeland konkurrieren müssen, benötigen sie die Unterstützung der Gesellschaft in Form von Förderungen für die Abgeltung des Mehraufwandes für Herdenschutz. Zumindest in einer Übergangszeit, bis die nötigen Agrarmarktreformen in Richtung Regionalisierung und Nachhaltigkeit den Bauern jene Erzeugerpreise bringen, die es ihnen erlauben, auch ohne Subventionen unter Anwesenheit der großen Beutegreifer zu wirtschaften. Die Hoffnung stirbt bekanntlich zuletzt.

Die Fakten zur Rückkehr der Wölfe

Zusammenfassend gilt, dass sich trotz aller illegaler Abschüsse und Vergiftungsaktionen, trotz anhaltender Widerstände vonseiten der Weidetierhalter und Jäger die Wölfe derzeit wieder über weite Teile Europas ausbreiten. Sie sind dabei nicht auf Schutzgebiete und auf menschenleere Korridore angewiesen, weil sie zu gemäßigten Kulturfolgern wurden. Im Wesentlichen kommen die Wölfe zurück, weil man sie lässt und weil sie das können. Der italienische Wolfsexperte Luigi Boitani nennt drei Hauptfaktoren: Erstens verlassen seit Ende des 19. Jahrhunderts die Menschen immer schneller ihre angestammten ländlichen Gebiete und siedeln sich in den Städten an. Diese „Landflucht“ schafft erneut Raum für die großen Beutegreifer Wolf, Bär und Luchs und verringert das Potenzial für Konflikte. Der sozio-ökonomische Wandel der Menschen schuf also wieder Lebensraum und Nahrung für den Wolf.

Zweitens veränderte sich parallel dazu die Einstellung zu Ökologie, einschließlich Natur- und Artenschutz. Es wurde zum allgemeinen Anliegen, Natur und Tiere nicht nur im fernen Afrika zu erhalten, sondern auch im eigenen Bereich. Parallel zum Niedergang der Biodiversität scheint das Bedürfnis der Menschen nach einem Leben in Kontakt mit Natur und Tieren, auch Wildtieren, zu wachsen. Das zeigt sich vor allem zu Zeiten von Krisen, beispielsweise der Covid-Krise 2020 und 2021. Damals stieg die Nachfrage nach Hundewelpen und Einfamilienhäusern und gerade die jungen Leute besannen sich wieder auf das Wandern in freier Natur. Vor allem diese jüngeren Leute leben im stetigen Bewusstsein der ökologischen Katastrophe, was ihre Sensibilität der Natur gegenüber erhöht. Davon profitieren auch die großen Beutegreifer. Denn drittens führten diese Veränderungen in den Köpfen der Menschen letztlich dazu, dass Artenschutzkampagnen von Behörden und NGOs sowie die Gesetzgebungen der EU und ihren Mitgliedsstaaten gerade den Wölfen wieder zu Lebenschancen verhalfen und dass die FFH-Richtlinie eher den Beginn denn das Ende der Fahnenstange in Sachen Artenschutzregelwerke markiert. Das zeigen die auf den Druck lokaler NGOs hin um 2020 erlassenen Totalverbote für den Wolfsabschuss in Italien und Spanien.

Im weitesten Sinne bewirkte der sozio-ökonomische Wandel aber auch eine Überhege des Schalenwildes; unter anderem, weil eine zunehmende Zahl auch städtischer Jäger und jagender Land- und

Forstwirte genügend Rehe, Hirsche und Wildschweine benötigen, um ihnen die Ausübung des Weidwerks zu ermöglichen. Dabei geht es heute mehr denn je um Trophäen. Vor allem aber geht es in der Jagd um gesellschaftliche Vernetzung, weswegen heute jeder und jede, der und die etwas auf sich hält, einen Jagdschein anzustreben scheint. Der Zahl dieser ausgestellten Berechtigungsscheine und Jagdgastkarten zufolge gibt es in Österreich etwa 140.000 Jäger und Jägerinnen. Das sind mit 1,5 Prozent der Gesamtbevölkerung mehr als je zuvor. Und die wollen Reh, Hirsch & Co, nicht aber Wolf, Fuchs, Marder, Bussard oder Habicht. Die intensive Landwirtschaft trägt dazu bei, dass der Tisch für dieses jagdlich interessante Wild reicher gedeckt ist als je zuvor. Daher kommt es in Verbindung mit der aktiven Überhege über weite Teile Europas zu nie dagewesenen Wilddichten – Tendenz weiter steigend. Und das ist wiederum *der* Hauptfaktor für die rasche Rückkehr der Wölfe. Dass sie flotter auf für sie günstige Bedingungen reagieren als etwa Bär oder Luchs, hängt mit ihrer Biologie zusammen, also der ökologischen Anpassungsfähigkeit, den hohen Vermehrungsraten und ihrem System der weiten Abwanderung der Jungwölfe.

Um an dieser Stelle hartnäckige Stammtischweisheiten und gängige Fake News in den sozialen Medien zu entkräften: Nirgendwo in Europa wurden Wölfe ausgesetzt, auch nicht in Österreich. Und weder der WWF, noch das Wolfsforschungszentrum in Ernstbrunn, noch irgendeine andere Institution züchtet Wölfe, um sie heimlich freizusetzen. Der berühmte weiße Lieferwagen, in dem die Polizei gerade fünf Jungwölfe fand, ist frei erfunden. Die flinken Beine der Wölfe reichen aus, um zu erklären, warum sie so rasch zurückkehren. Aber die Dummheit der Verschwörungserzählungen scheint grenzenlos. Es ist ihnen auch mit korrekten Informationen und Richtigstellungen kaum beizukommen.

Wölfe sind in Europa umfassend geschützt, durch die Berner Konvention, einen völkerrechtlichen Vertrag des Europarates zum Schutz europäischer wild lebender Tiere und Pflanzen aus dem Jahr 1979, ratifiziert von 51 Ländern, darunter von der Schweiz (1982), Österreich (1983) und Deutschland (1984). Diese Konvention war dann auch Basis der Richtlinie 92/43/EWG, besser bekannt unter „Fauna-Flora-Habitat-Richtlinie (FFH-Richtlinie)“ der EU von 1992 zur Erhaltung der natürlichen Lebensräume sowie der wild lebenden Tiere und Pflanzen. Diese wurde mit der Zustimmung der Regierungen für alle EU-Staaten gültiges Recht, ohne von den Parlamenten ratifiziert werden zu müssen. In Österreich sind die Wölfe in den meisten Bundesländern als „jagdbares Wild“ nicht in den Naturschutz-, sondern in den Jagdgesetzen geregelt, aber ganzjährig geschont. In Deutschland dagegen fallen die Wölfe unter das Naturschutz-, (noch) nicht aber unter das Jagdrecht. Es läuft aber eine heftige Debatte darüber, ob Wölfe in den Zuständigkeitsbereich der Jagd aufgenommen werden sollen, in Vorbereitung der Möglichkeit, sie „jagdlich zu regulieren“. Dagegen sprechen sich aus guten Gründen die Naturschutz-NGOs aus.

Diskussionen über Beibehaltung oder Ausweitung des Schutzstatus der Wölfe versus „regulieren“ durch Bejagen laufen europaweit. Seltsamerweise steigt die Skepsis gegenüber dem Wolf mit dem Wohlstand eines Landes. Möglicherweise hat man in den ärmeren Ländern Wichtigeres zu tun, als sich über Wolf & Co zu ereifern bzw. man ist es gewöhnt, mit diesen Tieren zu leben. Aufgrund der gegenwärtigen Faktenlage und der zu erwartenden Entwicklungen der Schutzbestimmungen muss man heute nicht mehr darüber diskutieren, ob man Wölfe will oder nicht. Das ist vergossene Milch. Man sollte sich besser pragmatisch darauf konzentrieren, auf Dauer mit Wölfen und anderen Beutegreifern möglichst konfliktarm zu leben. Als wichtiger Beitrag dazu existiert in Österreich seit 2012 ein gültiger, zwischen Behördenvertretern, NGOs, Wildbiologen, Jagd und Landwirtschaft breit akkordierter Plan zum Wolfsmanagement, entstanden unter Federführung von Georg Rauer vom Forschungsinstitut für Wildtierkunde und Ökologie der Veterinärmedizinischen Universität Wien. Als aber die Wölfe tatsächlich begannen, in größerer Anzahl einzuwandern, scheint man auf diesen Plan vergessen zu haben und erfindet stattdessen das Rad immer wieder neu. Es ist zu hoffen, dass die geschürte Wolfspanik und die Desinformation durch Politik und Landwirtschaftsvertreter, die wir in den 2020er-Jahren erleben müssen, rasch einer angemessenen Rationalität Platz macht.

„Problemwölfe" und wie man mit ihnen umgehen kann

Wölfe, die in größerem Ausmaß Probleme verursachen, treten vergleichsweise selten auf, wie die Erfahrungen aus Deutschland zeigen. Im Sinne der FFH-Richtlinie sind „Problemwölfe" Tiere, welche entweder die Scheu vor Menschen verloren oder aber *trotz sachgerecht praktiziertem Herdenschutz* in erheblichem Ausmaß Weidetiere töten. Die Wiedereinwanderung der Wölfe ruft natürlich auch in Österreich nicht nur Freude hervor. Natürlich erschweren Wölfe Weidetierhaltung und Jagdwirtschaft, aber die vielfach geäußerten Bedenken, Wölfe könnten heute auch wieder Menschen gefährlich werden, haben sich nicht bestätigt. Jegliche Panikmache ist daher ungerechtfertigt, sie ist weltweit Begleitmusik der Neuankunft von Wölfen und wird oft gezielt geschürt, um Stimmung gegen die Wölfe zu machen.

Eine routinemäßige legale Bejagung der Wölfe ist im Moment und wahrscheinlich auch bis weit in die Zukunft aufgrund der europäischen Schutzbestimmungen nicht erlaubt, auch nicht zur „Regulierung" des Bestandes. Sie ist auch nicht nötig, da Wölfe ihre Dichten selber sehr gut regulieren. Störungen durch Beschuss mindern übrigens die Verluste an Weidetieren nicht, sondern erhöhen sie eher, wie etwa Untersuchungen in den USA zeigten und auch die Erfahrungen in Frankreich. Dort wird seit Jahren im Rahmen von Regeln, die dem EU-Recht widersprechen, mit einer jährlichen Abschussquote von 60 bis 100 Wölfen der Nachwuchs „abgeschöpft". Die Verluste an Weidetieren sind trotzdem dramatisch, vor allem auch, weil ein sachgerechter Herdenschutz nur in Ausnahmefällen praktiziert wird. Herdenschutz kann nicht durch Abschuss ersetzt werden. Wiederholte Anfragen an die zuständige Europäische Kommission zur Herabsetzung des Schutzstatus der Wölfe oder zur Einrichtung „wolfsfreier Zonen" etc. durch die Alpenländer oder auch Finnland wurden immer klar negativ beantwortet oder vom Europäischen Gerichtshof abgelehnt. Man wird aus komplexen ökologischen und politischen Gründen das FFH-Paket in den kommenden Jahren sicher nicht aufschnüren. Auch weil die Beschwerden aus den reichen Alpenländern, in denen noch kaum Wölfe leben, auf das Unverständnis von Beamten und Kommissaren vorwiegend aus den Mittelmeerländern treffen, wo es im Gegensatz zu den Alpen starke Wolfspopulationen gibt.

In ihrer Studie von 2014 analysierten Robert Wielgus und Kaylie Peebles von der Washington State University/USA Daten aus Idaho, Montana und Wyoming zum Zusammenhang zwischen der Intensität der Wolfsbejagung und den Verlusten an Weidetieren. Mit der Wolfsdichte stieg die Zahl der gerissenen Weidetiere. Kein Wunder, könnte man meinen, denn die US-Farmer setzen kaum auf Herdenschutz; sie schießen lieber. In diesem Zusammenhang sollte man annehmen, dass umso weniger Nutztiere den Wölfen zum Opfer fallen, je stärker diese im Jahr zuvor bejagt wurden. Das Gegenteil war der Fall: Je stärker die Wölfe bejagt wurden, desto mehr Schafe und Rinder verloren die Farmer im Jahr darauf. Außer man schoss jährlich mehr als 25 Prozent der Wölfe in der Gegend, was aber auf Dauer allein aufgrund des damit verbundenen Aufwands kaum zu bewerkstelligen ist. Oder man rottet die Wölfe wieder vollständig aus, was aber in Zeiten wie diesen keine Zustimmung findet.

Bejagung stimuliert offenbar die Vermehrung und damit den Nahrungsbedarf der Wölfe, stört ihre Sozialstruktur und ihr natürliches Jagdverhalten. Dies ist ein starker, auch für Europa gültiger Hinweis darauf, dass die im Moment ohnehin nicht vorgesehene regelmäßige Bejagung von Wölfen kontraproduktiv sein kann. Diese Studie hatte übrigens Folgen für den Wissenschaftler. Aufgrund der anhaltenden Proteste der Farmer wurde Robert Wielgus von seiner Uni gefeuert. Wo Fake News und blanke Dummheit herrschen, haben eben Sachargumente und wissenschaftliche Freiheit das Nachsehen. (Noch) nicht an unseren Unis: Dort betreiben mehr oder weniger „angepasste" Experten ihre teils von der Jagdwirtschaft finanzierten Projekte. Es gibt aber immer noch Kollegen, die gelegentlich den Positionen der mächtigen Verbände von Landwirtschaft und Jagd widersprechen. Es ist zu hoffen, dass dies so bleibt. Der Wolf sollte hierzulande nicht auch noch zum Testfall für die akademische Integrität und Freiheit werden.

Abschuss ist und bleibt daher eine wirkungslose Scheinlösung für die Weidetierhalter, der sie mit falschen Erwartungen im Regen stehen lässt – denn der nächste Wolf kommt ganz bestimmt. Das gilt auch für die von einigen geforderten „wolfsfreien Zonen". Die sind in einem von Wölfen besiedelten Europa weder gesetzlich noch praktisch möglich; deswegen spricht man neuerdings beschönigend auch von „Wolfsfreihaltezonen" und meint damit, dass dort jeder Wolf erschossen wird, sobald er sich blicken lässt. Das ist auch deswegen kontraproduktiv, weil sich die Lage beruhigt, wenn man lokale Rudelbildung zulässt; die Wölfe halten sich dann im Wesentlichen an Wildtiere, so dort der Herdenschutz einigermaßen funktioniert.

Was man tun kann, um Konflikte zu vermindern

Der Schlüssel zur Minimierung der Konflikte mit und um den Wolf bleibt daher der Herdenschutz. Er ist in den meisten Lagen mit vertretbarem Aufwand möglich. Gutes altes Know-how kommt aus Gebieten, wo man nie verlernt hat, mit Wölfen zu leben, ergänzt durch einen rasch wachsenden Schatz an neuen Erfahrungen, vor allem aus Deutschland, der Schweiz und in Italien. Herdenschutz unterbindet auch Weidetierverluste durch streunende Hunde, die in manchen Gebieten die Verluste durch Wölfe übersteigen. Es gibt Schätzungen, wonach Hunde zumindest bis in die 2020er-Jahre mindestens so viele Schafe töteten wie die Wölfe. Aber bezeichnenderweise gibt es zu den Weidetierverlusten durch Hunde keine statistischen Daten, zu den von Wölfen und anderen großen Beutegreifern verursachten Verlusten aber schon. Der Herdenschutz schützt ja nicht nur die Herden vor den Wölfen, sondern diese auch vor Hass und Verfolgung durch die Betroffenen. Tatsächlich liegt es auch im Interesse der Tierhalter, etablierte Wolfsrudel in ihren Gebieten zu dulden, denn die sorgen für eine Stabilisierung der

Lage, halten weitere Wölfe fern und sorgen dafür, dass in diesen Gebieten keine streunenden Hunde ihr Unwesen treiben. Nicht zuletzt ist Herdenschutz auch im Sinne des Tierschutzgesetzes erforderlich. Durch Wölfe oder Hunde erbeutete Nutztiere leiden oft erheblich, die Halter müssen daher ihre Aufsichtspflicht ernst nehmen und ihre Tiere schützen – nicht nur vor Wölfen.

Im Zusammenhang mit Herdenschutz sollte man nicht bloß an einen Elektrozaun um die Schafe denken, denn vor allem in bergigem Gelände sind Zäune kaum zielführend. Tatsächlich hängt die Wahl der Methode vor allem mit von Art des Geländes ab. Im Flachland ist es relativ einfach, Weiden mittels Elektrozaun, der bestimmte Anforderungen erfüllt, vor Wolfsangriffen zu schützen. Natürlich nie zu hundert Prozent, denn Wölfe sind findige, zielstrebige Tiere, die Fehler in den Herdenschutzmaßnahmen finden und nutzen. Aber selbst im Flachland gibt es Problemzonen wie etwa die Deiche Norddeutschlands, die zur Pflege von Schafen beweidet werden. Sie durchgehend wolfssicher einzuzäunen, wäre ein riesiger Aufwand und würde auch zu Konflikten mit der Freizeitnutzung führen. Aber wie heißt es so schön? Probleme sind dazu da, um gelöst zu werden.

Das gilt ganz besonders für den Herdenschutz in gebirgigen Lagen bzw. in den Almgebieten der Alpen. Immer wieder wurde in den vergangenen Jahren über Akteure berichtet, sie sich theatralisch abmühten, auf steilen, steinigen Hängen wolfssichere Zäune aufzustellen, nur um zu dem Schluss zu kommen, dass das erstens nicht funktionieren kann und dass solche Zäune zudem zu tödlichen Fallen für das Wild werden können. Richtig, aber das ist mit Herdenschutz im Gebirge gar nicht gemeint – außer man ist darauf aus, den Herdenschutz zu diskreditieren. Wie in der Schweiz, am südlichen Alpenrand und teils auch bereits in den Hohen Tauern praktiziert, ist es die sicherlich beste Lösung für Almen und Hochgebirge, große Herden zu bilden, um sie unter Assistenz von Hunden dauerhaft zu behirten und zu führen. Was sich so einfach hinschreiben lässt, ist aber ganz und gar nicht trivial. Diese uralte Kulturtechnik ging bei uns verloren und muss erst mühsam wieder aufgebaut werden. Man benötigt die richtigen Schafe, um aus ihnen Herden von 700 bis 1.000 Tieren zu bilden, ferner Hirten, die solche Herden führen können und wollen. Eine zertifizierte Hirtenschule etablierte sich übrigens im Herbst 2021 im Südtiroler Salern. Am italienischen Alpenrand behilft man sich noch mit dem Import von Hirten, vor allem aus Rumänien. Auf die Dauer wird man aber wohl eigene lokale Kompetenz aufbauen müssen.

Selbst wenn die Führung von Herden im Gebirge eine saisonale Tätigkeit ist, reicht ein Hirte dazu nicht aus, schließlich kann man ja die Arbeitnehmerschutzvorschriften nicht einfach ignorieren. Zudem braucht man die richtigen Hunde, die ihre Schafe zwar vor Wölfen schützen, aber nicht jeden Wanderer mit oder ohne Hund aus großer Distanz angreifen. Diese reale Gefahr schafft zusätzlich Konflikte in den Alpen, die zunehmend zu einem Disneyland für nicht immer rücksichtsvolle Wanderer und Mountainbiker werden. Es reicht nicht, die Maremmanos, Kuvasz oder andere große Herdenschutzhunde einfach mit Schafen zu sozialisieren. Sie müssen – und können – auch lernen, zwischen fremden Menschen, Hunden und Wölfen zu unterscheiden. Zumindest in Österreich braucht es auch noch eine Anpassung des Tierschutzgesetzes, damit ein legaler Einsatz von Herdenschutzhunden möglich wird. Auch der Einsatz von Eseln oder Lamas wird diskutiert. Beide stellen sich eher den Wölfen, als davonzulaufen und schrecken die vorsichtigen Beutegreifer damit ab. „Das Pferd tritt, aber der Esel trifft“, wie man so schön sagt. Ob allerdings solche „natürlichen" Abschreckungsmaßnahmen auf Dauer erfolgreich sein können, bleibt zweifelhaft; unter anderem, weil Esel oder Lamas in einem nicht umzäunten Gelände kein besonderes Interesse entwickeln, bei den Schafen zu bleiben, um sie zu beschützen. Und weil Wolf letztlich auch Esel oder Lama erbeuten könnte.

Klingt alles nicht nur komplex und aufwendig, ist es auch. Herdenschutz ist letztlich vor allem eine Frage des leistbaren Aufwands. Die Mittel zu dessen Abgeltung sind auf EU- und nationalstaatlichen Ebenen vorhanden. Und das nicht bloß, um eine gegen die Konkurrenz des Neuseelandlammes ökonomisch nicht mehr überlebensfähige Wirtschaftsform zu schützen, sondern vor allem auch im Interesse von Natur- und Artenschutz. Geführte Herden beweiden Hochlagen ökologischer und fördern so besser die florale Biodiversität als Tiere, die aufgetrieben und auf der Alm sich selber überlassen werden. Ohne diese neue/uralte Form des Herdenschutzes muss man die Hochlagen angesichts der einwandernden Wölfe aufgeben – was nicht die große ökologische Katastrophe wäre, weil Almflächen über der Baumgrenze ohnehin keine Beweidung brauchen, darunter natürlich schon. Dank junger, engagierter Hirtinnen und Hirten, für die Wölfe und Bären nicht mehr dämonische Teufel sind, sondern Wildtiere, mit denen man zu leben hat, die ebenso schutzwürdig sind wie die eigenen Schafe, entsteht in länderübergreifender Kooperation auch wieder das entsprechende Know-how. Das bedeutet nicht, dass jede Alm mittels Hirte, Hund und Nachtpferch zu retten sein wird. Für kleinteilige Gebiete, wie etwa die Kalkalpen, gibt es noch keine Patentrezepte. Es braucht lokal sehr genau angepasste Lösungen und ein Teil der Betriebe wird wohl auch aufgeben, früher oder später auch ohne Wolf. Aber auch für diese Gebiete wird die Zukunft kreative und gangbare Lösungen bringen.

Für die Behirtung mangelt es vor allem noch an ausgebildeten Hirten und Hirtinnen. Was man kaum glauben mag, ergab doch 2020 die Beantwortung einer parlamentarischen Anfrage für Österreich 4.769 Almen mit insgesamt 7.170 (!) Hirten. Die man aber auf den Almen vergeblich sucht. Des Rätsels Lösung liegt darin, dass sich jeder, der ein paar Schafe auf der Alm hat und gelegentlich Nachschau hält, Hirte nennen kann. Und dass man durch Absolvierung eines mit einer Förderung verbundenen mehrstündigen EU-Onlinekurses offiziell zum „Hirten" wird. Das sind aber nicht jene Spezialisten, die es braucht, um große Herden permanent im Gebirge zu führen. Natürlich ist es aus ökologischen, ökonomischen und kulturellen Gründen nicht wünschenswert, dass wegen der Wiederkehr der großen Beutegreifer die extensive Beweidung der Almen aufgegeben wird. Da Wolf & Co. nicht wieder von selbst verschwinden werden und auch der illegale lokale Abschuss das Problem keineswegs löst, muss man sich nachhaltig darauf einstellen. Ganz Europa ist heute Wolfsgebiet; das Auftauchen eines Wolfs auf einer Almweide oder anderswo ist daher kein unwahrscheinliches Ereignis, man muss vielmehr täglich damit rechnen.

Nach einer EU-Richtlinie aus dem Jahr 2018 sind Weidetierverluste durch Wolf zu hundert Prozent abzugelten. Noch werden den Haltern in den meisten europäischen Ländern Verluste auch ohne sachgerechtem Herdenschutz abgegolten; so etwa in Österreich, nicht aber in manchen deutschen Bundesländern. Abgeltung von ungeschützten Weidetieren ist natürlich kontraproduktiv, weil dadurch der Anreiz für Herdenschutz gemindert wird. In Europa werden etwa 30 Millionen Euro pro Jahr für Kompensation ausgegeben, Tendenz steigend. Das kann man viel finden, im Vergleich zu einem EU-Landwirtschaftsbudget von etwa 55 Milliarden Euro pro Jahr (etwa ein Drittel des Gesamtbudgets der EU) ist das allerdings ein Klacks, ein Promillebruchteil auch unter Einrechnung des Aufwandes für Herdenschutz. In den Ländern und Bundesländern gelten unterschiedliche Regelungen. Kompensationszahlungen sind Schadensausgleich im Interesse des Artenschutzes; sie führen aber nicht unbedingt zur damit beabsichtigten höheren Akzeptanz der großen Beutegreifer, wie sie etwa in den ärmeren Ländern existiert, in denen gar nicht oder nicht voll abgegolten wird.

In einem Brief der EU-Kommission an die Agrar- und Umweltminister legt sie 2019 dar, dass Herdenschutz nach EU-Recht zu hundert Prozent förderfähig ist. Eingeschlossen sind die Kosten für Zäune, Hunde, Zusatzarbeit und Erhaltungsmaßnahmen. Dazu kommen noch diverse Fördertöpfe der Staaten und Bundesländer. Neben Geld ist heute auch das erforderliche Know-how verfügbar. Das Problem ist also nicht, dass sich die Halter Herdenschutz nicht leisten können, sondern dass sie speziell in den deutschsprachigen Bereichen der Alpen ihr Wirtschaften nicht verändern wollen. So wird der Herdenschutz besonders in Österreich immer noch abgelehnt. Politik und Standesvertretungen weigern sich, die dafür gewidmeten Mittel abzurufen – wohl weil sie immer noch befürchten, dass sie mit Herdenschutz den Wolf anerkennen würden.

Wege zum konfliktarmen Zusammenleben mit Wölfen

Im Zuge der raschen Wiederkehr der Wölfe besteht die größte Herausforderung für den nachhaltigen Schutz der Art im Managen und Moderieren der Konflikte. Tatsächlich gehen die emotionalen Wogen um den Wolf dort hoch, wo er gerade nach längerer Abwesenheit wiederkehrt. Der im polnischen Białowieża-Nationalpark tätige niederländische Wildbiologe Dries Kuijper trug mit seinen Co-Autoren 2019 die wissenschaftliche Evidenz aus Europa und weltweit zu diesem Thema zusammen. Die Autoren untersuchen vier Szenarien: 1. Populationskontrolle, 2. Schutz der großen Beutegreifer plus Kompensationszahlungen für Schäden, 3. Das Ein- oder Ausgrenzen der Wölfe und 4. Das Verhalten von Menschen und Wölfen in Richtung der Minimierung von Begegnungen und Konflikten zu managen. Für jedes dieser Szenarien wird erörtert, wie sie mit Verhalten und Ökologie der Wölfe im Einklang stehen, wie geeignet sie sind, Mensch-Wolf-Konflikte zu reduzieren, und was im Rahmen der europäischen Gesetze überhaupt möglich ist. Die vier Szenarien schließen einander nicht aus. Aber wozu eigentlich die Mensch-Wolf-Beziehung managen? Man könnte die Entwicklungen doch auch einfach geschehen lassen, ohne sich einzumischen – aber das würde unter Garantie zum Explodieren der Konflikte führen.

1. Durch „Kontrolle" der Population?

Da Geburtenkontrolle bei frei lebenden Wölfen nicht praktikabel ist, meint man mit „Populationskontrolle" (Szenario 1) Abschuss. Aus den nicht allzu vielen Untersuchungen, die es zu den Auswirkungen des Abschießens von Wölfen aus den USA und aus Europa gibt, geht hervor, dass der Abschuss ziemlich total und weiträumig sein muss, damit er „wirkt". Die Untersuchung durch Forschende der Washington State University – mit ihren unerfreulichen Konsequenzen für einen der Wissenschaftler – wurde bereits erwähnt. Dadurch entstehen aber wiederum dynamische „Source-sink"-Probleme. Soll heißen, dass der leergeschossene Raum Wölfe anzieht, wie etwa im Moment in den österreichischen Alpen aufgrund des intensiven illegalen Abschusses der Fall und wie Befunde aus den USA, Norwegen, Schweden und Frankreich zeigen. Als Folge kurbeln die in den Randzonen verbliebenen Wölfe die Vermehrung an, es gibt erhöhte Zuwanderung. Und aufgrund der durch Abschuss gestörten sozialen Organisation steigen die Verluste an Weidetieren im Vergleich zu einer Situation, in der nicht auf Wölfe geschossen wird. Einzige Lösung dieser Probleme wäre die großflächige Wiederausrottung der Wölfe. Das würde möglicherweise die Konflikte mit den Weidetierhaltern lösen, aber enorme Konflikte mit einer naturbewegten Öffentlichkeit bedeuten, sie verbietet sich heute daher für jeden einigermaßen zivilisierten Staat und generell für Europa, wo das ja auch gegen bestehende gesetzliche Bestimmungen verstoßen würde.

Es wird gelegentlich argumentiert, dass Teilabschüsse, wie sie regelmäßig in Skandinavien oder in Frankreich praktiziert werden, die Wildtierkriminalität in Form der illegalen Abschüsse mildern könnte. Es ist aber eher das Gegenteil der Fall: Legale Abschüsse setzen die Schwelle für die Wilderei herab. Umstritten bleibt auch, ob solche Abschüsse die Akzeptanz für Wölfe erhöhen können. Verständlich, dass Jäger daran interessiert sein mögen, gelegentlich einen Wolf zu erlegen, aber das ist natürlich kein rationales Argument für den Abschuss. Daher ist oft zu hören, man müsse Wölfe beschießen, damit sie menschenscheu bleiben, wobei man sich dabei vor allem auf die Argumentation des US-Wildbiologen Valerie Geist beruft, der meinte, dass große Beutegreifer die Scheu vor Menschen verlieren würden, wenn man nicht regelmäßig auf sie schießt. Dafür gibt es aber keinerlei wissenschaftlichen Beleg. Dass die kaum beschossenen Wölfe in Deutschland im Großen und Ganzen immer noch Menschen meiden, spricht eher dagegen.

Es wird auch immer wieder diskutiert, ob Abschüsse im Fall von ingezüchteten Wölfen aufgrund zu kleiner Populationen sinnvoll sind.

Abschüsse im Sinn des Artenschutzes werden oft für mit Hunden „hybridisierte" Wölfe verlangt. Etwa in Skandinavien, als Vorwand, um Wölfe legal loszuwerden. Dazu ist zu bemerken, dass eine länger zurückliegende Einkreuzung eines Hundes nicht schon einer „Hybridisierung" gleichkommt, zumal Wolfsverhalten auch in der ersten Generation einer Wolf-Hunde-Kreuzung recht dominant bleibt und sich die Hundegene in jeder weiteren Generation „verdünnen". Eine genetische Untersuchung an Wölfen aus Amerika und Eurasien ergab tatsächlich einen geringen Grad von Einkreuzung bei den europäischen, nicht aber den nordamerikanischen Wölfen. Aber ist das ein Problem? Und wie bedeutend ist es? Eine weitere genetische Analyse von 115 Alpenwölfen – viele davon aus der italienischen Population – durch Kollegen von der Universität Lausanne gab Anlass zur Entwarnung. Bloß zwei der Tiere trugen messbar Hundegene.

Unsere Wölfe sind also überwiegend „gute Wildtiere" und keine Mischlinge. Erstaunlich eigentlich, wie selten „Fehltritte" passieren; weil Wölfe und Hunde derselben biologischen Art angehören, mischen sie sich – selten, aber doch – seit 30.000 Jahren, denn so lange gibt es bereits Hunde. Wenn es passiert, wie etwa 2018 in Deutschland, dann sollte man die Mischlinge der ersten Generation aus Artenschutzgründen rasch und unsentimental entfernen. Schließlich besteht ein erhebliches Artenschutzinteresse an der Erhaltung reinerbiger Wölfe. Dass seltene Hybridisierungen in der Vergangenheit kein Problem darstellen, bedeutet ja nicht, dass man diese auch noch fördern sollte. Es ist übrigens Jägerlatein, dass solche Mischlinge keine Scheu vor Menschen hätten und daher gefährlich seien. Auch Artenschutz- und Wolfsexperten wie etwa Luigi Boitani sehen das Phänomen entspannt und meinen, dass ein paar Hundegene die Vitalität der Wölfe eher verbessern, als ihr zu schaden.

Im Hintergrund der Argumente für die Populationskontrolle durch Abschuss lauert auch immer wieder der Rachegedanke: Wenn der böse Wolf meine Schafe reißt, dann zahle ich es ihm heim. Diese Einstellung ist stark an den Stammtischen der Wirtshäuser der Gebirgsgaue zu spüren, wo ja auch immer noch „Siegesfeiern" aus Anlass illegaler Abschüsse von Luchs, Wolf oder Bär stattfinden sollen. Letztlich ist diese hohe Bereitschaft zur Problemlösung durch Gewaltanwendung bei gleichzeitiger Ablehnung von Alternativen – von den Alpen bis in die USA – eine Form von Alltagsfaschismus. Aber bevor ich mich weiter moralisch echauffiere: Kuijper und seine Co-Autoren kommen in ihrer erwähnten Übersichtsstudie auf Basis der nüchternen Fakten zu dem Schluss, dass Populationskontrolle durch Abschuss weder mit Ökologie und dem Verhalten von Wölfen noch mit den gesetzlichen Rahmenbedingungen vereinbar ist und zudem die Konflikte eher verschärft, als sie zu lösen.

2. Durch Entschädigungszahlungen?

Das Kuijpersche Szenario 2, also der Schutz der Wölfe mit gleichzeitigen Kompensationszahlungen für Schäden an Weidetieren, wird heute in vielen Gebieten praktiziert. Die Wölfe können so ihre günstigen Wirkungen auf Ökologie und Artenreichtum entfalten. In Europa bleibt das aber eher Theorie, weil die Landschaften weitgehend durch menschliches Wirtschaften bestimmt sind, sodass es unklar bleibt, ob das positive ökologische Potenzial der Wölfe wirksam werden kann; jedenfalls sind die ökologischen Ursache-Wirkungsbeziehungen komplex. In diesem Szenario des Schutzes der Wölfe ohne Begleitmaßnahmen mit Ausnahme von Kompensation sind Mensch-Wolf-Konflikte schon allein wegen der Dichte der Nutztiere vorprogrammiert. Der Anteil der Nutztiere an der Beute der europäischen Wölfe macht in den unterschiedlichen Untersuchungen zwischen weniger als ein Prozent bis über 20 Prozent aus, je nach Gegebenheiten. Bei geringen lokalen Wilddichten, aber vielen Weidetieren, steigt deren Anteil, besonders wenn der Herdenschutz vernachlässigt wird. Aus ökologischen Gründen nicht erstrebenswerte hohe Wilddichten sind daher andererseits ein wichtiger Faktor, um die Übergriffe der Wölfe auf Weidetiere gering zu halten. Man muss es ja trotz Wolf nicht übertreiben mit den Wilddichten. Entscheidend ist natürlich ein sachgerechter Herdenschutz. Kompensationszahlungen vergrößern die Toleranz Wölfen gegenüber gewöhnlich nicht. Daher wird heute von führenden Experten empfohlen, eher auf eine Förderung von Herdenschutzmaßnahmen in Verbindung mit ausreichenden Wilddichten zu setzen – eine Botschaft, die vielleicht auch manch wolfsskeptische Jäger zu erreichen vermag.

3. Durch Ein- oder Ausgrenzen der Wölfe?

Szenario 3, also Zäune zu errichten, um Wölfe von Weidetieren abzugrenzen, ist ein vorwiegend in Afrika gegen Beutegreifer praktiziertes Konzept. Entweder werden auf großen Gebieten die Weidetiere eingezäunt, oder umgekehrt, die Beutegreifer. So bewährt sich das großflächige Einzäunen der Löwen und ihrer Beutetiere im südlichen Afrika, um Mensch-Löwe-Konflikte zu minimieren. Den Zaun nicht mitberechnet, verringern sich damit die Kosten für den Schutz der Löwen auf ein Viertel im Vergleich zu nicht eingezäunten Populationen. Einzäunen ist aber auch in Afrika problematisch, weil es großräumig die Bewegungsfreiheit der Wildtiere einschränkt, nicht nur der Beutegreifer. Für das kleinstrukturierte Europa ist es keine Option, Menschen und ihre Weidetiere durch großräumiges Einzäunen von Wölfen zu trennen. Das würde zu einer weiteren Zerstückelung der für Wildtiere ohnehin schon problematisch fraktionierten Landschaften führen.

4. Durch eine starke Trennung der Wölfe von den Menschen und durch technische Lösungen?

Am ehesten praktikabel scheint Szenario (4), Mensch-Wolf-Konflikte durch eine sanfte, auf Verhaltensmechanismen beruhende Trennung zu minimieren. In anderen Worten, Wölfe müssen noch besser lernen, Menschen und ihre Weidetiere zu meiden – und umgekehrt müssen Menschen Wölfe strikt in Ruhe lassen und meiden. Vor allem dort, wo Wölfe in von Menschen dicht besiedelte Gebiete wiederkehren und man darauf schlecht oder gar nicht vorbereitet ist. Dort besteht auch die Gefahr, dass sich Wölfe an eine allzu große Nähe zu Menschen gewöhnen. Das Konzept beruht im Wesentlichen darauf, dass man mittels verschiedener Abschreckungs- und Abwehrmaßnahmen bei ausreichenden Wilddichten versucht, Wölfe von Menschen fernzuhalten. Recht nachhaltig wirken Erfahrungen mit Elektrozäunen. Der immer wieder diskutierte Beschuss mit Gummikugeln bleibt dagegen meist wirkungslos, weil er den Wolf in der Absicht des Übergriffs erwischen sollte, was aber kaum möglich ist. Denn Wölfe positionieren sich selten so, dass es einem Schützen möglich ist, sie mit einer Gummikugel zum richtigen Zeitpunkt zu treffen.

Noch bleibt unklar, ob es gelingen wird, gut wirksame akustische oder über den Geruchssinn wirksame Abschreckungen zu entwickeln. An Wölfen werden etwa die an Dingos in Australien bereits praktizierten Abwehrmethoden getestet. Wenig erfolgversprechend sind jedenfalls Methoden, die den Fang der Wölfe erfordern, etwa um sie mit Halsbändern zu versehen, welche aversive Reize abgeben, wenn sich diese Wölfe Weidetieren nähern. Denn Wölfe zu fangen bleibt eine der schwierigsten Disziplinen für Wildbiologen. Es wäre daher viel zu aufwendig, auch nur einen Teil der Wölfe zu fangen, um sie mit Halsbändern zu versehen. Jedenfalls sind passionierte

Hightech-Entwickler in Deutschland und anderswo schon fleißig an der Arbeit. Mal sehen, was in den nächsten Jahren an praktikablen und wirksamen Methoden auf den Markt kommen wird. Aber auch in diesem Punkt sollte man die Hoffnung nicht aufgeben.

Besonders wichtig ist, dass auch die Leute die Wölfe meiden, nicht bloß umgekehrt. Sie in Fotoabsicht zu verfolgen oder gar anzufüttern und zu versuchen, sie an sich zu gewöhnen, geht daher gar nicht. Natürlich sind auch potenzielle Nahrungsquellen, wie ungesicherte Mistkübel oder offene Mülldeponien, zu vermeiden, weil diese eine menschennahe Lebensweise der Wölfe provozieren. Solch einfache Managementmaßnahmen haben keine negativen Auswirkungen auf andere Wildtiere und führen dazu, dass sich Wölfe auf Gebiete mit geringen Dichten an Menschen und Weidetieren konzentrieren. Der Druck auf mögliche Beutetiere durch Wölfe kann aber dazu führen, dass diese in die Nähe menschlicher Siedlungen Schutz suchen und dadurch die Wölfe nachziehen. Mit anderen Beute-Beutegreifer-Systemen ist das in Nordamerika der Fall. Dem wäre dann durch verstärkte Bejagung dieser menschennahen Beutetiere entgegenzuwirken.

Jedenfalls ist die Trennung der Wege von Wolf und Mensch für das dicht besiedelte Europa der wahrscheinlich erfolgversprechendste und nachhaltigste Ansatz, will man ständig wiederkehrende Konflikte mildern. Natürlich muss man Szenario 4 mit Szenario 2 kombinieren, den Wolfs- und Herdenschutz mit Kompensation, wenn trotz sachgerechter Schutzmaßnahmen Weidetiere gerissen werden. Wenn es – aus welchen Gründen auch immer – dazu kommt, dass einzelne Wölfe oder Rudel die Distanz zu Menschen verlieren oder Traditionen etablieren, trotz Herdenschutz und ausreichender Dichten von Wildtieren vorwiegend von Nutztieren zu leben, dann bleibt auch zum Schutz der anderen Wölfe die Entnahme als *Ultima ratio*. Also der Abschuss, um diese Radikalmaßnahme nicht schönzuschreiben. Ist ja so auch in der FFH-Richtlinie vorgesehen.

Was Landwirtschaft und Wölfe brauchen, um miteinander auszukommen

Fragt man Landwirte und Weidetierhalter, was sie bräuchten, um Konflikte mit Wölfen zu minimieren, dann lautet die Antwort meist: „Keine Wölfe." Nur wenige, vorwiegend jüngere Leute nehmen die Herausforderung positiv an. Aber der Wolf ist gekommen, um zu bleiben. Man muss kein Wolfsfreund sein, um dies zu erkennen. Darum machen sich nicht nur Forschende, sondern auch Praktiker zunehmend Gedanken darüber, wie es funktionieren könnte. So erschienen im Juni 2019 in Berlin „Empfehlungen für bundeseinheitliche Standards zum Herdenschutz vor Wölfen", unterschrieben von elf (!) Organisationen, welche die Berufsschäfer, den Artenschutz und die Freizeitnutzer repräsentieren. Dieses gemeinsame Positionspapier reflektiert den Stand der Zeit und gibt praktische Hinweise zur Definition von „Problemwölfen" sowie zur Praxis des Herdenschutzes. Dazu mag auch eine manchmal von den Praktikern als hilflos und widersprüchlich wahrgenommene Politik in Deutschland beitragen. Also packt die Zivilgesellschaft an.

Bereits 2018 vernahm man dazu auch in Österreich aus der Landwirtschaft pragmatische Stimmen. Man begann darüber nachzudenken, wie man in Anwesenheit von Wölfen Weidetierhaltung betreiben könne. Zumal ja die „Schwarze-Peter-Strategie" der Landwirtschaftsvertreter nicht verfängt, den Wolf zum Sündenbock für das Bauernsterben zu machen. Dass sie dennoch weitergetragen wird, ist wieder eine andere Geschichte. Im April 2019 erschienen die ersten praktischen Hinweise der BIO Austria zum Herdenschutz, langsam laufen erste Informationsveranstaltungen dazu an. Es erschienen umfassende gutachterliche Studien aus der Gruppe des Wildbiologen Klaus Hackländer, Universität für Bodenkultur, zum Ist-Zustand und zu den Möglichkeiten für Landwirtschaft, Tourismus und Jagd, mit dem Wolf zu leben. Erstaunt registriert man, dass der Wolf nicht nur spalten, sondern auch einen kann. Langsam begreift man, dass es so mit dem bisherigen rücksichtslosen Bewirtschaften der Natur durch den Menschen nicht mehr weitergehen kann. In dieser Situation nach der „Regulierung", sprich dem Abschuss von Wölfen zu rufen, wäre ja auch politischer Selbstmord.

Mit der Zeit werden die Standpunkte und Lösungsvorschläge klarer und Tierhalter erzielen Übereinstimmungen mit dem Artenschutz. So etwa in Form eine Papiers der (deutschen) „Plattform Weidetierhaltung und Wolf" vom September 2021. Anlässlich der Bundestagswahl forderte ein Bündnis aus Verbänden der Weidetierhaltung, der Jagd und des Natur- und Tierschutzes langfristige Lösungen im Umgang mit Wölfen und dem Herdenschutz und schlägt dazu einen Fünf-Punkte-Plan vor, der etwa verlangt, dass der Wolf ins Naturschutzrecht, nicht aber ins Jagdrecht gehört, weil flächendeckende Bejagung kein Ersatz für Herdenschutz ist. Weiters fordert man mehr professionelle Herdenschutzberatung in den Ländern sowie besseren Zugang zu Erfahrungsberichten und eine Ausschöpfung der rechtlich vorgesehenen Fördermöglichkeiten durch Bund und Länder. Es wird eine bundesweit einheitliche Statistik über Rissereignisse an Weidetieren urgiert und eine nachhaltige Verbesserung der wirtschaftlichen Situation der Weidetierhalter, etwa durch bessere Vermarktungsmöglichkeiten und angemessene Preise für die erzeugten Produkte und für die erbrachten Ökosystemdienstleistungen. Das wäre eins zu eins auch für Österreich zu übernehmen.

Das hierzulande 2019 von Bundesregierung und Ländern errichtete „Österreichzentrum Bär, Wolf, Luchs“ im steirischen Raumberg-Gumpenstein wurde ja auch vom WWF begrüßt, zumal Wolf & Co bislang Ländersache war. Allerdings sind über die stimmberechtigten Gesellschafter Landwirtschaft und Jagd viel stärker vertreten als die NGOs für den Artenschutz, wie WWF oder Naturschutzbund. Die NGOs dürfen das Zentrum beraten, bleiben aber von den Entscheidungen ausgeschlossen. Die Mittel lassen an der Ernsthaftigkeit des Vorhabens zweifeln: Veranschlagt wurden 120.000 Euro pro Jahr für die Geschäftsstelle, 100.000 Euro für die Begutachtung von Schadensfällen und DNS-Analysen und weitere 100.000 Euro für Pilotprojekte im Bereich Herdenschutz. Um ein konfliktarmes Zusammenleben mit Wolf & Co zu erreichen, braucht man vor allem gutes und daher relativ aufwendiges Monitoring und eine praxisnahe Forschung. Dafür gibt es aber kein Budget. Wie will man ohne ausreichende Wissensbasis managen? Aber noch ist es ein junges Zentrum. Die Hoffnung lebt, dass es sich von seiner Kompetenz und der finanziellen Ausstattung her von der allzu engen Umarmung durch Landwirtschaft und Jagd emanzipieren kann – im Interesse von Landwirt und Wolf.

Weitere Lichtblicke bieten teils von der EU geförderte Projekte zum konfliktarmen Zusammenleben zwischen Menschen, Weidetieren und Wildtieren. Dazu zählt das LIFEstock Projekt, ein 2020 begonnenes Herdenschutzprojekt, getragen von der BIO Austria, einer Landwirtschaftsorganisation, unter Beteiligung von NGOs wie der „European Wilderness Society“ und anderen Interessenträgern als Partner. Es umfasst mit Bayern, Österreich und Südtirol den zentralen Alpenraum. Ziele sind die Ausbildung von Tierhaltern, Beratern und Touristikern in Sachen Herdenschutz, der Aufbau von Kompetenzzentren und Sachkompetenz, der breite Wissenstransfer und die Zertifizierung von Herdenschutzhunden. Dazu organisiert man Konferenzen, Workshops, Fortbildung für Tierhalter und Ausstellungen, letztlich um im Sinne eines nachhaltigen und konfliktarmen Zusammenlebens die Akzeptanz für Herdenschutz zu verbessern.

Forstwirtschaft, Jagd und der Wolf

Den verständlichen Missmut der Landwirtschaft über die Zusatzaufgabe durch den Wolf sollte man in einem weiteren Rahmen sehen, nämlich dem Leben mit Wolf und anderen Beutegreifern als Teil der ohnehin dringend nötigen Re-Ökologisierung. Herrscht in der Landwirtschaft noch die Skepsis vor, ist man in der Forstwirtschaft diesbezüglich bereits ambivalenter. Während manche Waldbewirtschafter hoffen, dass die Wölfe dem Wildverbiss entgegenwirken können, sind sich andere dessen nicht so sicher. Wunder kann man von den Wölfen nicht erwarten, da sie den Bestand an Rehen und Hirschen kaum verringern können. Aber Wölfe können eine Veränderung der Aktivität und Verteilung ihrer Beutetiere bewirken. Auf dem Truppenübungsplatz Allentsteig etwa, wo seit einigen Jahren das einzige österreichische Wolfsrudel lebt, ziehen die Hirsche seit der Ankunft der Wölfe in größeren Gruppen – meinen zumindest die Jagdausübenden. Von den zuständigen Wissenschaftlern wird dies allerdings nicht bestätigt. Im US-amerikanischen Yellowstone-Nationalpark bewirkte die Wiedereinbürgerung (dort wurden Wölfe tatsächlich ab 1995 aktiv wieder angesiedelt) eine Verringerung von Dichte und Verteilung der großen Pflanzenfresser, der Wapitihirsche, Elche und Bisons. Damit kam es zu einer raschen Erholung der Vegetation, besonders entlang der Flüsse, was wiederum die Erosion verringerte. Ob die Wölfe in den zu über 70 Prozent nicht naturnah bewirtschafteten Wäldern Deutschlands und Österreichs eine ähnlich positive Wirkung entfalten können, sei dahingestellt. Schlüssige Studien dazu fehlen noch. Daher bleibt unklar, ob der hoffnungsvolle Spruch „Kommt der Wolf, wächst der Wald" zutrifft oder doch nur frommes Wunschdenken bleibt.

Anders ist die Sache bei der Jagd gelagert: Man muss kein Tiefenpsychologe sein, um nicht nur Naturverbundenheit, sondern auch Macht über Leben und Tod als Motiv der Jäger zu vermuten. Der Jäger schützt Niederwild vor „Raubzeug", hegt die Nützlinge und entscheidet im Nützling-Schädling-Schema, wer leben darf und wer nicht. Und von den „unnützen und schädlichen" Tieren gibt es bekanntlich immer zu viele. Das ist keine Marotte einzelner Jäger, diese antiquierte Einstellung findet sogar Niederschlag in den Jagdgesetzen. So etwa heißt es im zweiten Absatz von § 60 des Oberösterreichischen Jagdgesetzes unter der Überschrift „Schädliches Wild": „Die Jagdausübungsberechtigten haben dafür zu sorgen, dass das nicht zu den jagdbaren Tieren zählende Raubzeug, soweit aus Gründen des Naturschutzes dessen Erlegung und Fangen nicht beschränkt ist, nicht überhandnimmt; sie haben das Raubwild und die nicht geschützten Raubvögel kurz zu halten." Das ist fern jeden Wissens über ökologische Zusammenhänge und weit weg von der „Jagd als angewandter Naturschutz". Abgesehen von der respektlosen, ewig gestrigen Bezeichnung „Raubzeug" und „Raubwild" für Beutegreifer negiert dieser Vernichtungsauftrag die wichtige Rolle der Beutegreifer in Ökosystemen und das Faktum, dass Beutedichten in der Regel die Dichten der Beutegreifer regulieren, viel weniger aber umgekehrt. Das ist einer der vielen Punkte, in denen die Jagdausübung dringend reformiert werden muss.

Nicht ganz zu Unrecht ist man in der Jägerschaft davon überzeugt, die Wildbestände regulieren zu müssen. Daraus speist sich das zentrale Selbstverständnis der Jäger. Was aber nicht wirklich zu klappen scheint, wie die Populationsexplosion bei den Wildschweinen verdeutlicht, oder auch die grassierende Tuberkulose in den viel zu dichten Rotwildbeständen Westösterreichs. Trotzdem scheint die Bereitschaft nicht besonders ausgeprägt, sich vom Wolf helfen zu lassen, der nachgewiesenermaßen Wildbestände gesund erhalten kann und die Vielfalt der Natur effizient optimiert. Nur langsam sprießt in der Jägerschaft der Gedanke, den Wolf neben sich im Revier zu tolerieren, oder gar als Partner zu sehen.

Verbunden ist dieser frivole Gedankenflirt zur Rückkehr des Teufels in Wolfsgestalt vielleicht mit der Vorfreude, Wölfe auch zu bejagen; weil ja schließlich auch dieses „Raubwild" jemand „regulieren" muss. Häufigstes Argument dabei: Die Wölfe sind eine Bedrohung für die Nutztiere. Die Gruppe um Camille Imbert von INRAE (das französische National Research Institute for Agriculture, Food and Environment) veröffentlichte 2017 ihre Untersuchung zur Nahrung Ligurischer Wölfe. Diese erbeuteten zu 64 Prozent Wildschweine und Rehe, aber auch zu Beginn ihrer Einwanderung um 2010 stolze 26 Prozent Nutztiere (!), vor allem Ziegen. Dabei hing die Nahrungswahl der Wölfe vom Zustand der lokalen Wildpopulationen ab, von der Art der Viehhaltung und von der sozialen Organisation der Wölfe selber. Mit der Stabilisierung der Wolfsrudel über die Jahre sank der Anteil an erbeuteten Nutztieren erheblich. Im Gegensatz zu manch einzelnen Jungwölfen auf

Wanderschaft leben etablierte Rudel überwiegend von Wildtieren. Generell wurden die Ziegen dann verschont, wenn die Landwirte ihre Weiden schützten und wenn es genug Rehe und Rückzugsmöglichkeit in Form von Wald gab.

Die Beziehung der Jagd zum Wolf bleibt ambivalent. Offiziell handeln Jäger immer korrekt und gesetzestreu, aber man braucht nicht lange nachzufragen, um immer wieder auf dieselben alten Argumente zu stoßen. Und irgendjemand muss ja auch für die illegalen Abschüsse der Wölfe verantwortlich sein. Bislang hatten alle der ganz wenigen erwischten Übeltäter eine Jagdkarte. Immerhin: Eine steigende Anzahl von Jägern scheint sich insgeheim bereits mit der Anwesenheit der Wölfe zu arrangieren. Ist schließlich ein interessanter Beutegreifer, auf dessen Anwesenheit im Revier manche auch stolz sind. Das kommt in Vier-Augen-Gesprächen zum Ausdruck. In der Öffentlichkeit schweigt man oder fällt in den alten Stammtischjargon zurück. Man glaubt es nicht, was da noch an Schrulligem zu vernehmen ist: Man würde ja die Wölfe achten, wären sie „natürlich" gekommen. Aber so rasch kann das wohl nicht gehen, da muss wohl der WWF durch Aussetzen nachgeholfen haben. Was natürlich Unsinn ist, aber wer lässt sich schon eine so schöne Geschichte zerstören? Der Wolf sei als Art nicht gefährdet, lautet eines der rationalsten Argumente der Jäger, warum sollte man ihn also schützen? Stimmt, Wölfe sind nicht am Aussterben, aber sollen wir nur schützen, was knapp vor dem Verschwinden steht? Und lässt sich die Zunft der Jäger, die angeblich „angewandten Naturschutz" betreibt, so gar nicht durch die positiven Auswirkungen der Wölfe auf Diversität und Wildgesundheit berühren? Oder hat man noch nicht mitbekommen, was die FFH-Richtlinie rechtlich bedeutet? Dass es nämlich auch in der Jagd längst nicht mehr darum geht, ob man mit Wölfen leben will, sondern nur noch darum, wie man das möglichst positiv und konfliktarm gestalten kann.

Ein anderes, zumindest aus Jägersicht ziemlich rationales Argument lautet, dass Wölfe „Wildbret" fressen und so die Jagdwirtschaft schädigen. Natürlich fressen Wölfe „Wildbret", was sonst? Vor allem aber: Das Wild gehört den Jägern nicht, aber offenbar fühlen sie sich als Heger verantwortlich und wollen keinen Konkurrenten, wie zu Zeiten des Absolutismus eben. Noch dazu gibt es auch genug Wild, zumal die Jagd immer wieder Schwierigkeiten hat, die Abschusspläne zu erfüllen und daher die Wilddichten immer weiter steigen. Dass es viel mehr „Wildbret" gibt, als die Jagd zu schießen und zu vermarkten fähig und gewillt ist, zeigen die mindestens 60.000 Rehe, die nach offiziellen Angaben jährlich in Österreich allein dem Straßenverkehr zum Opfer fallen. Damit könnte man übrigens eine Population von etwa 1.000 Wölfen durchfüttern.

Möglicherweise aber trifft der Einwand der Jäger zu, Wölfe würden die Bewegungs- und Verhaltensmuster der Beute verändern. Hirsche und Wildschweine schließen sich zu größeren Rudeln/Rotten zusammen, werden vielleicht beweglicher und im Fall der Schweine auch verteidigungsbereiter. Daten dafür gibt es allerdings nicht, das sind Eindrücke der Jäger. Das 1849 von einem hohen Beamten Kaiser Franz Josephs geschaffene Jagdsystem erlaubt Minireviere, was die gezielte Bejagung des nun beweglicheren Wildes zusätzlich erschweren mag. Dadurch mögen Reviere auch „entwertet" werden, also geringere Pachterträge erzielen, als das früher der Fall war. Das ist aber ökologisch unerheblich. All diese Argumente gegen den Wolf weisen die Jagd als Wirtschaftszweig aus, und die Selbstdarstellung der Jagd als „angewandte Naturschutzinstitution“ als hohlen Marketinggag. Ein weiterer Einwand betrifft die Wintergatter, also jene gehegeartigen Einzäunungen, in denen in der Regel die Hirsche den Winter über gefüttert werden. Ein dort eindringender Wolf kann natürlich großen Schaden anrichten. Man könnte sie aber ersatzlos auflassen. Wildbiologen weisen schon lange darauf hin, dass solche Winterfütterungen, in denen Hirsche wie Nutztiere gehalten werden, ökologisch kontraproduktiv sind und viel zu hohe Wilddichten nach sich ziehen. Vielleicht stößt der Wolf hier ein Umdenken an.

Eine weit überzogene Hegementalität führt auch zum Auswuchs, dass Jäger durch Bekämpfung des „Raubzeugs“, also diverser Greifvögel, Marder, Füchse etc., das jagdbare Niederwild schützen, also die Hasen und Rebhühner, einschließlich der aus Asien stammenden, zu Jagdzwecken gezüchteten und ausgesetzten Jagdfasane, von spöttischen Zeitgenossen ob ihrer bunten Farbenpracht auch „Jagdpapagei“ genannt, die durch Konkurrenz, übertragene Parasiten und Brutparasitismus ihren Beitrag für den mindestens neunzigprozentigen Rückgang der Rebhühner und auch mancher Rauhfußhühner (Birkhuhn, Haselhuhn) in den letzten Jahrzehnten leisten. Im Prinzip kontrolliert die Beutedichte jene der Beutegreifer, aber natürlich können bereits gefährdete Populationen durch hohen Raubfeinddruck ganz verschwinden. Anstatt sich also an den kleinen Beutegreifern, dem „Raubzeug“, zu vergreifen, sollte die Jagd lieber in die Verbesserung und Renaturierung der Lebensräume investieren. Das geschieht auch immer wieder, allerdings in viel zu geringem Ausmaß. Einer solchen Renaturierung steht auch die viel zu hohe Dichte an Schalenwild im Weg, unter der die Forstleute stöhnen, weil es durch Verbiss den Wald schädigt. Auch Wölfe sind gute Assistenten bei einer solchen Renaturierung, denn sie sind dafür bekannt, dass sie mittelgroße Prädatoren, wie etwa

Füchse, vielleicht Fischotter und die einwandernden Golfschakale, effizient kontrollieren und damit die Diversität der Kleintierfauna fördern, auch jene des „Niederwilds".

Manche Argumente gegen die Wölfe sind schlichtweg irrational, etwa dass Wölfe keine einheimische Art mehr sind, weil sie in vielen Gebieten Mitteleuropas seit 150 Jahre nicht mehr da waren. Was natürlich falsch ist, denn gelegentliche Zu- und Durchwanderer gab es immer und die Wölfe der großen europäischen Populationen haben sich in diesen 150 Jahren – was bei Wölfen etwa 50 Generationen entspricht – genetisch nur wenig verändert. Ein anderes Argument ist, dass Wölfe keinen Platz mehr in unserer *Kulturlandschaft* hätten. Dieser Einwand richtet sich von selbst, gilt er doch in ähnlicher Weise für alle Wildtiere. Der Anteil an verbliebener Wildnis ist in Europa minimal, er schwindet sogar in Sibirien, wohin der berühmte Südtiroler Alpinist Reinhold Messner die Wölfe verbannt sehen will, wohl weil er um seine Yaks auf den Südtiroler Almen fürchtet. Die meist zu kleinen Schutzgebiete reichen für den Wolf und andere bewegliche Tiere nicht aus. Daher entwickelte man in Europa im Gegensatz zu den USA das Konzept, Wildtiere im Kulturland, sozusagen vor der Haustür, zu schützen und naturnahe Lebensräume durch Korridore zu verbinden. Wir könnten zumindest einmal damit beginnen, konfliktarm mit den großen Beutegreifern zu leben, denn schaffen wir das nicht im Kulturland, werden wir diese Arten verlieren.

Um die überlebenswichtige Biodiversität weltweit zumindest in Restbeständen zu erhalten, drängen internationale Experten und Organisationen darauf, mindestens etwa 30 Prozent der gesamten Landflächen auf der Welt unter Schutz zu stellen. Das bedeutet jedoch nicht, sie völlig aus der Nutzung zu nehmen, sondern sie naturnah und extensiv zu bewirtschaften – anders werden wir ja auch mittelfristig durch Degradieren der Böden landwirtschaftliche Flächen verlieren. Es wäre übrigens möglich, mit 50 Prozent der heutigen landwirtschaftlichen Flächen selbst zehn Milliarden Menschen zu ernähren, vorausgesetzt wir essen weniger Tierprodukte und dämmen die Verschwendung von Lebensmitteln von der Produktion bis in die Haushalte ein.

Die Angst um den Hund als Argument gegen den Wolf

Die wichtige Rolle der Jagdhunde schlägt sich auch in der Besorgnis der Jäger um den eigenen Hund nieder – der heutzutage ja meist Familienmitglied ist. Diese Angst um den eigenen Hund mag berechtigt sein, denn Wölfe sind dafür bekannt, dass sie unter bestimmten Umständen Hunde töten. Das ist zwar nicht nett von ihnen, aber doch zumindest ein ökologisches Service in Gebieten, wo es sehr viele frei lebende Hunde gibt, die Wild- und Nutztiere reißen und in erheblichem, viel stärkerem Ausmaß als Wölfe selber, sogar Menschen gefährden können (dazu weiter unten mehr). Für territoriale Wölfe, also die „niedergelassenen Paare oder Familien", die ihr Gebiet gegen Artgenossen verteidigen, sind Hunde aber weniger Nahrung denn eng verwandte Konkurrenten, die allein aus diesem Grund kurzgehalten werden. So leben in den Territorien Nordamerikanischer Wölfe kaum Kojoten, die in wolfsfreien Gebieten oft überhandnehmen, als Kulturfolger bis in die Städte gehen und Nutztieren wie Menschen gefährlich werden können. In Europa halten Wolfsrudel streunende Hunde, Goldschakale und Rotfüchse kurz. Kojoten, Schakale und natürlich Hunde fallen zoologisch gesehen in dasselbe Genus wie Wölfe. Gegen solche

Konkurrenten geht man gewöhnlich besonders konsequent vor. „Intra-Gildenaggression“ nennt man das in der Verhaltensbiologie. So töten Ratten nicht nur in Beuteabsicht Mäuse, Löwen Geparden und Wölfe eben Hunde und andere stammesgeschichtlich verwandte Vierbeiner.

Ob Jagdhunde durch Wölfe gefährdet sind, hängt aber davon ab, wie gejagt wird. Wenn sie weit weg vom Jäger agieren, wie etwa die Bären- und Elchhunde in Skandinavien, kann es gefährlich werden. Von 1995 bis 2018 wurden dort etwa 400 Jagdhunde getötet. Dabei mag auch eine Rolle spielen, dass es sich hauptsächlich um spitzartige und daher genetisch wolfsähnliche Hunde handelt, die vermutlich die Territorialverteidigung der Wölfe stärker auslösen, als etwa die genetisch hoch domestizierten Golden Retriever. Das beobachten wir zumindest an den Wölfen des Wolfsforschungszentrums gegenüber den Hunden der Besucherinnen und Besucher – natürlich getrennt durch einen Zaun. Am stärksten reagieren unsere Wölfe etwa auf Tschechoslowakische Wolfshunde und Spitzartige, während hoch domestizierte Hunde zwar Interesse, nicht aber unbedingt Territorialaggression auslösen. Hunde im Westentaschenformat dagegen werden eher als Beute gesehen, wie die Körpersprache der Wölfe verrät. In Finnland fallen etwa 30 Prozent der Jagdhunde Wölfen zum Opfer, im US-amerikanischen Wisconsin angeblich sogar über 80 Prozent. Damit machen sich Wölfe nicht beliebt. In den 1970er-Jahren wurden die sich in Südschweden ansiedelnden Wölfe zunächst freudig begrüßt. Aber als die ersten hässlichen Bilder von zerfetzten Jagdhunden in den Medien auftauchten, kippte die Stimmung. Man versucht mit einigem Erfolg die Jagdhunde zu schützen, etwa durch Halsbänder mit Stacheln nach außen oder Schutzmäntel, wie sie auch bei der Wildschweinjagd verwendet werden.

In Mitteleuropa wird anders gejagt als in Skandinavien, die Hunde entfernen sich meist weniger weit von ihren menschlichen Partnern. Darum kamen aktive Jagdhunde bislang auch in den deutschen Wolfsgebieten kaum zu Schaden. Gelegentlich werden Hunde beim Jagen von Wölfen attackiert, wie etwa bei einem Vorfall 2019 in Brandenburg. Der Jäger sah seinen Hund gefährdet; er machte von seinem tatsächlich gesetzlich existierenden Notwehrrecht Gebrauch, das sich auch auf den Hund erstreckt und tötete den Wolf. Zumindest in Deutschland waren also bislang Begegnungen für den Wolf gefährlicher als für den Hund. Der Fall kam übrigens vor Gericht, der Richter sah die Notwehr nicht als gegeben an und verurteilte den Jäger. Tatsächlich müssen sich Jäger und Spaziergänger selbst in Gebieten mit Wolfsterritorien um ihre Hunde keine Sorgen machen, wenn die Tiere in einem Radius von weniger als etwa 100 Meter um die Menschen agieren. Je näher sie beim Menschen bleiben, desto sicherer sind sie. Was man übrigens von Begegnungen zwischen Hunden mit ihren Haltern und Rindern auf der Weide nicht behaupten kann.

Geben Leute an, sich vor Wölfen zu fürchten, dann fühlen sich viele Jäger angesprochen und verantwortlich. Nicht ganz zu Unrecht, denn der Wolf ist in allen österreichischen Bundesländern – außer Wien – im Jagdrecht geregelt. Daher ist die Jägerschaft zumindest formal tatsächlich für ihn verantwortlich. Angst vor dem Wolf tritt überall auf, wo sich Wölfe neu ansiedeln. Dass sie meistens unbegründet ist, zeigt allein schon die Tatsache, dass im Zuge der rasanten Ausbreitung der Wölfe über Deutschland nur dem Weidevieh, nicht Menschen oder Hunden etwas passierte. Dennoch werden solche Befürchtungen immer wieder geschürt, von Bürgermeistern, Landwirten und auch manchen Jägern, um Stimmung gegen den Wolf zu machen. Ihnen fehlt heute jedoch die reale

Basis. Wölfe stellen vor allem aufgrund hoher Wilddichten und fehlender Tollwut weder für gut gehaltene Hunde noch für Menschen allen Alters eine Gefahr dar, auch im Vergleich mit Hunden, Wildschweinen oder Bären.

Waren Wölfe früher gefährlich?

Wölfe waren für Menschen nicht immer harmlos; dass sie es heute sind, bedeutet aber nicht, dass sie es für alle Zeiten bleiben müssen. Wölfe haben das Potenzial, Menschen zu töten und sich von ihnen zu ernähren. Das geschah auch in Europa wiederholt im Zusammenhang mit chaotischen Zeiten, wie dem Dreißigjährigen Krieg, und danach gelegentlich bis ins 19. Jahrhundert. Im sogenannten „NINA"-Report, veröffentlicht 2003 von John Linnell von der Norwegischen Universität für angewandte Wissenschaften und einem Konsortium von Kolleginnen und Kollegen, wurden fatale Wolfsbegegnungen zusammengetragen, gelistet und bewertet. Der Bericht macht deutlich, dass es von der frühen Neuzeit bis ins frühe 19. Jahrhundert wahrscheinlich Tausende Wolfstote in Europa gab, und er zeigte klare Muster: Ein Gutteil der Leute starb direkt oder zeitverzögert durch Kontakt mit tollwütigen Wölfen. Das traf einen Querschnitt durch die Bevölkerung, vom Kleinkind bis zum Greis. Aber es fielen auch immer wieder Leute beutemotivierten Angriffen zum Opfer. Selten zwar, aber wenn sie auftraten, dann gab es meist ganze Cluster von Opfern. Gehäuft traten sie im Spätsommer auf, wahrscheinlich im Zusammenhang mit Weibchen und kleinen Rudeln, die in Gegenden, wo es kaum noch Wild als natürliche Nahrung gab, abhängige Jungwölfe zu versorgen hatten. Besonders bemerkenswert war, dass sich unter 100 in Beuteabsicht über die Jahrhunderte getöteten Menschen 90 Kinder befanden, acht Frauen und nur zwei Männer. Eine gute Nachricht für Männer, könnte man als schlechten Scherz hier anmerken. Tatsächlich kommt darin die Präferenz der Wölfe für einfache Beute zu Ausdruck; dieselbe Auswahl treffen sie ja auch bei den Hirschen, Elchen oder Bisons.

Als Standardszenario fand eine Wölfin, die in einer vom Menschen wildleer gejagten Landschaft Junge zu versorgen hatte, dass Kinder leichte Beute sind, auf die sie sich nach einem ersten Erfolgserlebnis spezialisierte. Solche Serien mit bis zu 50 verschwundenen Kindern gab es in Frankreich, im Baltikum und zuletzt 1800 an der holländischen Küste. Ob für alle diese verschwundenen Kinder Wölfe verantwortlich waren, ist heute nicht mehr eindeutig zu klären. Diese Serien rissen jedenfalls meist mit dem Erlegen eines bestimmten Wolfes ab. Natürlich bleibt trotz des genau recherchierten NINA-Berichts die Datenlage unsicher. Wahrscheinlich wurden immer wieder die Opfer streunender Hunde oder sogar von gemeinen Morden den Wölfen in die Schuhe geschoben. Andererseits wurden aufgrund der seriösen Kriterien für die Bewertung der Fälle in diesem Report unsichere Fälle nicht berücksichtigt. Eine erhebliche Dunkelziffer liegt daher in der Natur der Sache. Es existieren neben dem NINA-Report auch noch andere einigermaßen glaubwürdige Quellen, etwa das Buch von Hans Kruuk *Hunter and hunted*, zur Beziehung zwischen Menschen und Karnivoren. Dort listet der angesehene niederländische Verhaltensbiologe und Schüler des renommierten Verhaltensforsches Niko Tinbergen eine Reihe von möglichen Fällen aus dem 20. Jahrhundert auf, vor allem aus dem Norden Weißrusslands und Russlands. Für die Glaubwürdigkeit solcher „Hörensagen"-Berichte kann allerdings niemand seine Hand ins Feuer legen. Diese Bemerkung ist kein Versuch, die Wölfe „weißzuwaschen", aber so redlich kritisch muss man bleiben. Im Zweifel gilt die Unschuldsvermutung, auch für den Wolf. Wir kennen heute sehr genau die Mechanismen, wie über „Stille-Post"-Weitergaben, Übertreibungen, Zuspitzungen und schlichte Fake News aus Mücken Elefanten werden bzw. aus Wolfsbegegnungen blutige Gemetzel. Ohne korrekte forensische Überprüfung sollte man daher Schauermärchen – nicht nur über Wölfe – grundsätzlich misstrauen. Ein Beispiel dafür folgt unten.

Wölfe haben es nicht prinzipiell auf Menschen abgesehen. Die im NINA-Bericht zutage tretenden Muster zeigen, dass es Wölfen offenbar nicht leichtfällt, Menschen in ihr Beutespektrum aufzunehmen: Die erwähnten Vorfälle traten zeitlich und räumlich getrennt in Clustern auf – trotz der allgegenwärtigen Wölfe. Warum einzelne Individuen in der Vergangenheit ihr Beutespektrum in Richtung Mensch erweiterten? Weil aufgrund der hohen Jagdaktivität der Menschen kaum mehr natürliche Nahrung vorhanden war, was sich besonders in der Zeit der späten Fürsorge für die bereits herangewachsenen, aber immer noch abhängigen Welpen im Sommer auswirkte. Zudem lief in der Vergangenheit die Fürsorge für die Menschenkinder nicht immer optimal. Helikoptereltern sind eine ziemlich neue Erscheinung. Man behandelte Kinder bis ins frühe 20. Jahrhundert als kleine Erwachsene, sie mussten selbstverständlich arbeiten. Man schickte sie etwa mit Nutztieren in Flur und Wald und nicht immer vermisste man nach dem Verlust eines Kindes „einen Esser weniger", besonders wenn es sich um Pflegekinder handelte. Ein heikles Kapitel von der Frühgeschichte bis ins frühe Mittelalter war das Aussetzen von unerwünschten Kindern, in manchen Kulturen auch von alten Leuten.

Das Töten Neugeborener wurde von Jägern und Sammlern wie auch von Sesshaften praktiziert, um überzählige/unerwünschte Kinder zu beseitigen. Meist trauernd und bedauernd, aber doch gewissen

Zwängen gehorchend. Die evolutionären Zusammenhänge für diesen verbreiteten Kindermord hier zu diskutieren würde den Rahmen des Buches sprengen. Eine populäre Methode war das Aussetzen der Babys in der Wildnis. Im Wesentlichen überließ man dann das Töten den Beutegreifern, nicht selten besorgten das wahrscheinlich die Wölfe. Übrigens auch eine ziemlich effiziente Methode, den Wölfen Kinder als Beute nahezulegen. Zahlreiche Berichte belegen, dass das Aussetzen von Kindern in der Antike Standard war. Herzerwärmend, dass die Kapitolinische Wölfin Romulus und Remus nährte. Das ist aber bloß die Umdeutung einer gängigen Praxis. Wölfe waren damals also nicht von sich aus programmierte Kinderfresser, sie wurden dazu von den Menschen instrumentalisiert.

Wie Berichte aus Island zeigen, geriet diese Standardpraxis mit der Christianisierung ins Stocken. Dort hielten die ab 800 nach Christus aus Norwegen kommenden Siedler länger als anderswo am Odin-Glauben der germanischen Stämme fest. Die Christianisierung klappte erst um die Jahrtausendwende, getrieben von den Machtinteressen des norwegischen Königs, aber die Isländer pochten auf Sonderrechte, nämlich die alten Götter weiter verehren und einige der alten Gebräuche weiter praktizieren zu dürfen; darunter die Geschwisterehe und das Aussetzen von Kindern. Letzteres berührt aus mehreren Gründen. Was vielleicht in Norwegen noch „funktionell" war, weil es dort Wölfe, Vielfraße und Bären gab, wurde in Island zu einer noch größeren Quälerei, mit Polarfüchsen und Raubmöwen als größte Beutegreifer. An die grausigen Details möchte ich hier nicht einmal denken. Unklar ist übrigens, wie lange ins Mittelalter und in die Neuzeit hinein diese Gepflogenheit in Island und anderen schon lange christianisierten Gebieten noch praktiziert wurde. Das Geschehen im Grimmschen Märchen von Hänsel und Gretel muss man nicht als harmloses Verirren interpretieren.

Herdenschutz

Ganz Europa ist heute Wolfsgebiet. Abschuss löst das Problem für die Weidetierhalter nicht. Daher führt am sachgerechten Herdenschutz kein Weg vorbei. Je nach Gelände reichen die Möglichkeiten von geeigneten Elektrozäunen (oben) bis zur permanenten Behirtung großer Herden unter Verwendung von Herdenschutzhunden (unten).

Quelle: LIFEstock Projekt und Wilderness Society, bearbeitet

Sind Wölfe heute gefährlich?

Ein 2021 erschienenes Update des NINA-Reports versuchte die Frage zu beantworten, wie sich die Gefährdungslage im Zuge sich ausbreitender Wolfspopulationen entwickelt. Alle verfügbaren Berichte seit 2000 wurden gesammelt. Für Nordamerika und Europa wurden dabei die Vorfälle ziemlich vollständig erfasst, weniger aber für den Rest Eurasiens. Insgesamt kamen in diesem Zeitraum weltweit mindestens 489 Menschen durch Wölfe zu Schaden, und zwar in Kanada, den USA, Kroatien, Polen, Italien, Iran, Irak, Israel, Indien, Kirgisistan, Türkei, Kasachstan, Ukraine, Belarus, Moldau, Russland, Mongolei, Armenien, Aserbaidschan, Tadschikistan und Saudi-Arabien; 380 dieser Angriffe (77 Prozent) kamen von tollwütigen Wölfen, davon waren 14 tödlich; in 42 Fällen (neun Prozent) attackierten Menschen von sich aus Wölfe, etwa in Verteidigung ihrer Schafe, und wurden durch deren Gegenwehr verletzt; drei dieser Menschen wurden getötet. „Nur" 67 Angriffe (14 Prozent) von Wölfen in den vergangenen beiden Jahrzehnten waren beutemotiviert. Auch hier ist eine erhebliche Dunkelziffer anzunehmen, da nur einigermaßen gut dokumentierte Fälle berücksichtigt wurden und man Angriffe auf Menschen durch Hunde ausschloss. Nur zum Vergleich: Jährlich sterben etwa 25.000 Menschen weltweit durch Hunde, manche durch die Bisse der als Kumpane gehaltenen Tiere, ein erheblicher Teil auch indirekt durch die von streunenden Hunden übertragende Tollwut.

In Europa und Nordamerika fanden im Berichtszeitraum von zehn Jahren zwölf dieser beutemotivierten Angriffe statt, die 14 Verletzte zur Folge hatten. Sie forderten „bloß" zwei Todesopfer, beide in Nordamerika. Die rasche Wiederkehr der Wölfe in Europa gefährdete bislang Menschen nicht. Das ist bemerkenswert, teilen doch die 20.000 europäischen Wölfe ihren Lebensraum mit 450 Millionen Menschen. Das Risiko, in Europa oder auch in Nordamerika durch einen Wolf zu Schaden zu kommen, ist also trotz des relativ engen Zusammenlebens nahezu null. Umgekehrt liegt das Risiko für einen europäischen Wolf, durch Menschen getötet zu werden, bei weit über 50 Prozent. An diese krasse Asymmetrie in der wechselseitigen Gefährdung sollte man denken, wenn man wieder einmal Leute über die „lebensgefährlichen" Wölfe polemisieren hört. Und ja, man kann auch in Gebieten mit Wolfsterritorien mit Kind und Hund im Wald unterwegs sein, ohne sich auch nur im Geringsten vor Wölfen fürchten zu müssen. Respekt und Abstand halten sind aber im Zusammenleben mit prinzipiell wehrhaften Wildtieren immer angesagt.

Das große Verdienst der beiden NINA-Berichte (2003 und 2021) liegt darin, dass sie Problemzonen im Kontakt zwischen Menschen und Wölfen beleuchten und Forschungsfragen aufzeigen. Sie erlauben eine realistische Einschätzung der Gefahr durch Wölfe. Aus diesen Berichten wird klar, dass das Zusammenleben mit ihnen in der Kulturlandschaft ungefährlich ist, solange man die Tollwut draußen hält und es genügend Wildtiere als Beute gibt. Zudem sollte man auf Distanz bleiben, Wölfe nicht anfüttern und nicht auf die romantische Idee kommen, wild lebende Rudel an die menschliche Anwesenheit gewöhnen zu wollen, etwa um gute Fotos zu bekommen. Das kam in Nordamerika in Mode und verursacht gefährliche Zwischenfälle. Im Wesentlichen wird die Schlussfolgerung aus der besprochenen wissenschaftlichen Überblicksarbeit zur Minimierung der Konflikte zwischen Mensch und Wolf von Dries Kuijper und Kollegen bestätigt, der zufolge das am besten klappt, wenn man die Aktivitäten von Wolf und Mensch möglichst getrennt hält. Aber Konflikte mit Wölfen und Gefahr durch Wölfe sind unterschiedliche Themen, die man

Umfrage zur Rückkehr des Wolfes nach Österreich

Nach einer repräsentativen Umfrage befürworteten 74 Prozent der Österreicher im Jahr 2017 die Rückkehr der Wölfe. Das entspricht Umfragen in anderen europäischen Ländern, mit Zustimmungsraten von bis zu 90 Prozent.

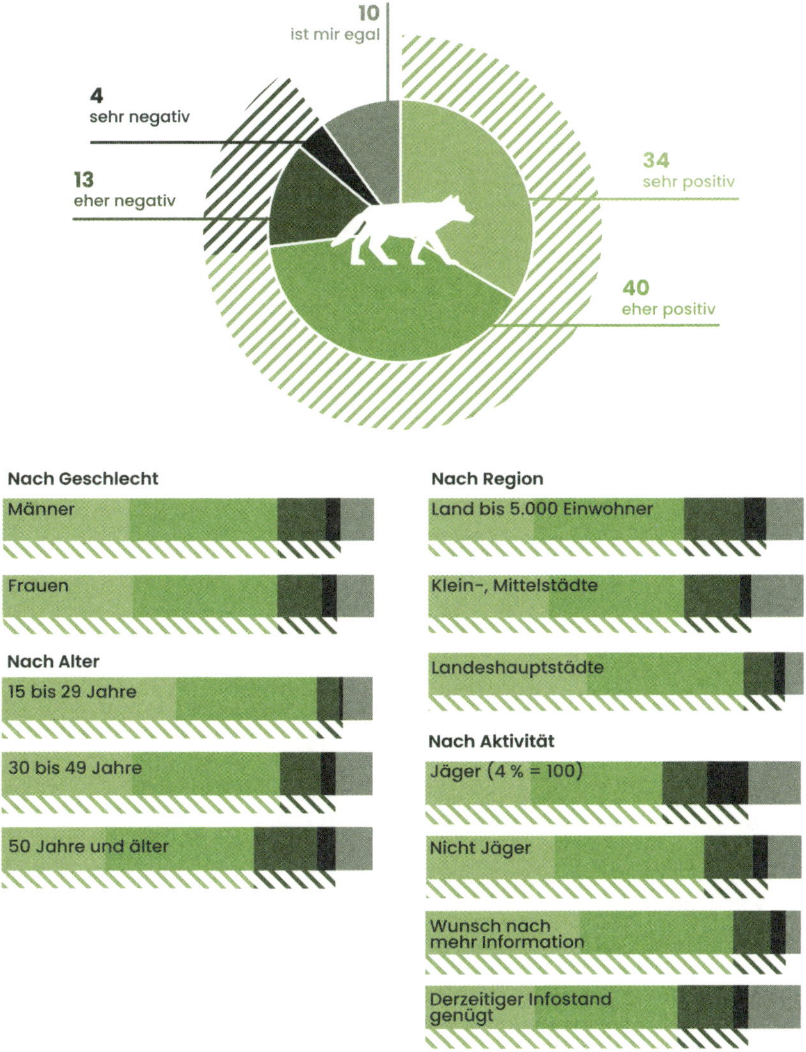

Quelle: WWF Österreich, bearbeitet

nicht vermischen sollte. Auch wenn man im Sinn der Konfliktvermeidung Wölfe auf Distanz halten sollte, nehmen sich die ihrerseits manchmal das Recht heraus, bei helllichtem Tag durch Dörfer zu laufen oder sich mal neugierig einen Spaziergänger mit Hund oder eine Joggerin mit Kinderwagen aus der Nähe anzuschauen. Ist das gefährlich? Ziemlich sicher nicht, aber wie gewiss diese Vermutung ist, wissen wir natürlich auch nicht.

Unklar bleibt, wie weit man Wölfe in Menschennähe tolerieren darf, bis es auch ohne Anfüttern gefährlich wird. Jedenfalls entbehrt es jeder Grundlage, jeden Wolf, der sich in weniger als 200 Meter Distanz zu Häusern und Siedlungen bewegt, als „gefährlichen Problemwolf" einzustufen und zum Abschuss freizugeben. So geschehen in einem Verordnungsentwurf der Kärntner Landesregierung im November 2021. Nach diesen Kriterien müsste man fast alle Wölfe in Europa abschießen. Das fast völlige Fehlen von Vorfällen bei gleichzeitig immer wieder neugierigeren Wölfen zeigt eigentlich klar, dass die neuen menschennahen Wölfe nicht gefährlich sind. Neugierde ist Teil der wölfischen Natur und ihres natürlichen Verhaltens. Es besteht also kein Anlass, den neugierigen Jungwolf vorsichtshalber abzuschießen. Aber natürlich kann niemand garantieren, dass solche Situationen immer harmlos bleiben. Was, wenn ein besonders selbstbewusster Wolf in einer solchen Situation doch einmal einen Hund oder Menschen testet, verletzt oder gar tötet? Die gewaltige Aufmerksamkeit der Gesellschaft und eine furchtbar schlechte Presse wären ihm und den Wölfen generell sicher. Nicht nur wegen der objektiven Schwere eines solchen Vorfalls, sondern schlicht, weil es ein Wolf war. Einem Wildschwein würde man ein solches Verhalten wohl noch eher nachsehen und weniger Aufhebens deswegen machen. Tatsächlich verursachen immer mehr Wildschweine in Europa regelmäßig Verletzte und Tote. Hören wir viel darüber?

Sollten wir uns in Zukunft an allzu neugierige Wölfe gewöhnen, weil von ihnen keine Gefahr ausgeht, oder wäre es doch besser, solch neugierige Wölfe sicherheitshalber zu „entnehmen“, vielleicht auch, um die Wölfe generell auf sichere Distanz zu halten? Nach gültiger FFH-Richtlinie ist dies keine Option. So wurde ein Antrag aus Finnland, Wölfe abzuschießen, weil sich Leute vor ihnen fürchten, vom Europäischen Gerichtshof negativ beschieden. Aber was, wenn in Zukunft ein „günstiger Erhaltungszustand“ der Art Wolf erreicht ist – was in Deutschland früher der Fall sein wird als in Österreich. Auch dann wäre es unklug, sie zu bejagen „wie anderes Wild auch“ – weil nicht im Einklang mit Biologie und Sozialleben der Wölfe. Eine routinemäßige Bejagung der Wölfe wäre nicht im Sinn der Minimierung der Konflikte, etwa um Weidetiere. So viel zumindest wissen wir.

Üble Nachrede

Trotz ihrer durch Fakten belegten relativen Ungefährlichkeit für Menschen stehen Wölfe immer unter Generalverdacht. Von Wölfen zerrissen zu werden, scheint die Mutter aller Urängste zu sein. Dass Vorfälle auch ohne Evidenz bereitwillig Wölfen in die Schuhe geschoben werden, zeigt der tragische Tod der 62-jährigen Britin Celia Hollingworth beim Wandern im nordgriechischen Maroneia am 21. August 2017. Die europäischen Medien waren voll davon. Überwiegend lastete trotz der fehlenden Fakten speziell der Boulevard die Tat reißerisch den Wölfen an. Daher wurde von der griechischen NGO „Callisto“ (Teil der „Large Carnivore Initiative“) und dem WWF Deutschland und Griechenland vor Ort genau recherchiert. Frau Hollingworth wanderte allein. Britischen Medien zufolge alarmierte sie per Handy Verwandte in Großbritannien, dass sie gerade von

Hunden angegriffen würde. Dann brach die Verbindung ab. Reste ihres Körpers wurden am 23. September 2017 gefunden. Es gab nie einen abschließenden forensischen Bericht zur Todesursache und es fehlen genetische Analysen, die klären könnten, ob Wölfe oder Hunde die Täter waren. Der zuständige Gerichtsmediziner, Nikolaos Kifnidis, tippte zuerst auf Wölfe, da „große Knochen" durchgebissen worden seien. Dafür hielt er in ersten Stellungnahmen nur Wölfe für fähig. Später bestätigte er allerdings, dass die spärlichen Überreste keine Schlüsse auf die Verursacher erlaubten. Bei der pathologischen Untersuchung war zudem niemand mit Erfahrung zu Wildtierangriffen anwesend. Und es blieb unklar, wann welche Tiere am Leichnam über die zwei Tage bis zum Auffinden der Überreste gefressen hatten.

In den vergangenen Jahren gab es aus Maroneia keine Meldungen über von Wölfen gerissene Schafe und Ziegen. Und ein nach dem Vorfall durchgeführtes Monitoring erbrachte keinen Hinweis auf dort lebende Wölfe. Wo die Überreste des unglücklichen Opfers gefunden wurden, trafen die Leute von Callisto nebst einer Ziegenherde dreimal ein achtköpfiges streunendes Rudel teils großer Hunde an, über die es nach Medienberichten bereits zahlreiche Beschwerden gab. Tatsächlich wurden im örtlichen Xanthi-Krankenhaus seit 2014 insgesamt 856 (!) Bisse durch streunende Hunde registriert. Das ist nebenbei auch ein klarer Hinweis auf die Abwesenheit von Wölfen. Denn ein ansässiges Rudel hätte diese Hunde mit Sicherheit nicht geduldet. Der Tod der Touristin bleibt formal ungeklärt, aber es fehlen Indizien für eine Beteiligung von Wölfen. Ausschließen kann man es natürlich auch nicht, aber alles, was wir über die örtlichen Gegebenheiten und das Verhalten von Wölfen wissen, macht Wölfe als Übeltäter extrem unwahrscheinlich.

Das bedeutet natürlich nicht, dass Wölfe immer menschenfreundliche Faserschmeichler sind. Die in den NINA-Berichten gelisteten Todesfälle zeigen ihr entsprechendes Potenzial. Das wurde auch offensichtlich, als im Juni 2012 in Kolmården, dem größten Zoo Schwedens, eines Abends eine Pflegerin von „ihren" acht Wölfen getötet wurde. Dieses harmlose Wort trifft es nicht. Die junge Frau wurde, wie man später rekonstruierte, beim Betreten des Geheges von den Wölfen attackiert und buchstäblich in der Luft zerrissen. Als Experte im Prozess um diesen Vorfall in Linköping hatte ich das zweifelhafte Vergnügen, Tatortbilder zu sehen. Der Kehlkopf war herausgerissen, der Brustkorb wies an die 200 Durchbisse der langen Fangzähne bis in die Lunge auf, Teile der Gliedmaßen waren abgerissen und angefressen. Dennoch war es kein beutemotivierter Angriff, sondern eine klare Hassattacke, eine Beziehungstat, als hätte ein menschlicher Mörder auf sein Opfer Dutzende Male eingestochen. Wie konnte es dazu kommen?

Die acht Europäischen Wölfe im schwedischen Gehege waren das Jahr zuvor handaufgezogen worden, und zwar nach altem Schema. Nicht als Partner auf Augenhöhe, sondern dem Bild der Wölfe als aggressive Tiere entsprechend, die man unterdrücken muss, um sie gefügig zu halten. Was ja auch eine Art Prophezeiung darstellt, die sich in schrecklicher Weise erfüllen sollte. Die Menschen spielten die Alphas, auch als man Publikum gegen Bezahlung in das Gehege mitnahm; einzelne Wölfe schnappten nach Besuchern oder zerrten an deren Kleidung. Das versuchte man durch körperliche Züchtigung zu „korrigieren", man trat die Wölfe sogar mit Füßen. Schon Monate vor dem tödlichen Vorfall zeigten Videoaufnahmen die Besucher umschleichende, lauernde Wölfe und ziemlich hilflose Betreuerinnen, die ihre Wölfe immer wieder auch körperlich maßregelten. Als besagte Pflegerin dann eines lauen Midsommer-

Abends allein (!), ohne Sicherheitsvorkehrungen das Gehege betrat – zur Beziehungspflege, wie sie meinte –, brach bei den Wölfen der aufgestaute Hass offenbar mit voller Macht aus.

Man hatte in höchst fahrlässiger Weise alles missachtet, was man heute über den sicheren Umgang mit zahmen Wölfen weiß, und durch Unterdrücken die vorhersagbare Attacke der Wölfe provoziert. Dadurch gefährdete man die Betreuerinnen und Besucher und man reagierte auch nicht auf die bereits monatelang vorher klar erkennbaren Warnzeichen. Nach der Tötung schob man vonseiten der Leitung des Zoos alle Schuld von sich und auf die vielleicht naive, aber unschuldige Pflegerin. Daher reagierte die Staatsanwaltschaft scharf. Aufgrund der Aussagen von Fachleuten, neben meiner Person Kollegen aus den USA und Norwegen, wurden im Dezember 2016 sowohl der Zoo als auch sein damaliger Leiter wegen fahrlässiger Tötung zu hohen Geldstrafen verurteilt. Macht die Pflegerin leider auch nicht wieder lebendig. Ihr Tod hätte auf Basis des damals schon vorhandenen Wissens über den sicheren Umgang mit Wölfen und ein wenig Empathie verhindert werden können. Eindrucksvoll die körperliche Überlegenheit der Wölfe – besonders im Kontrast zur sanften und zuverlässigen Partnerschaft, die sie mit befreundeten Menschen am Wolfsforschungszentrum pflegen. Man hatte alles falsch gemacht, hatte sie missbraucht und gegen die kooperative soziale Natur der Wölfe gearbeitet. Die Katastrophe hatte sich klar abgezeichnet. Aber die üble Nachrede bekommt nicht die schier grenzenlose menschliche Borniertheit, sondern wieder einmal die angeblich so aggressiven Wölfe. Als nach ein paar Jahren ein wenig Gras über die Sache gewachsen war, tötete man diese Wölfe übrigens – heimlich, still und leise.

Wie soll man sich verhalten, wenn man einem Wolf begegnet?

Auch wenn diese Wolfsgeschichte aus Schweden die Gänsehaut bei einer Wolfsbegegnung nicht gerade zu lindern vermag: Ein Zusammentreffen in freier Natur wird auch beim Wandern in Gebieten mit Rudeln von den Wölfen meist vermieden. Als Faustregel gilt, dass sie die Menschen in ihrer Nähe beobachten, ohne dass diese es bemerken. Dem immer schon bestehenden Interesse der Menschen an Wölfen entspricht die seltsame Neugierde der Wölfe an unserem Tun. In der Regel meiden sie uns, sind aber interessiert. Daher kann es schon einmal vorkommen – extrem selten, aber doch–, dass ein vorwitziger Jungwolf den Wanderweg kreuzt und in einigen Metern Entfernung verharrt, um einen zu mustern. Oder dass er in einigen Metern Distanz parallel läuft, um schließlich wieder in die Büsche abzubiegen. Fürchten muss man sich in solchen Situationen nicht. Das kommt so selten vor, dass man sich freuen sollte und fotografieren, wenn man die Ruhe dazu aufbringt. Fotografieren, möglichst unter Verwendung eines Maßstabes sollte man auch, wenn man auf eine Wolfsspur trifft oder auf eine Hinterlassenschaft, von der man den Eindruck hat, sie könnte vom Wolf stammen. Oder gar auf einen Kadaver, der ein Wolfsriss sein könnte. Nicht sehr wahrscheinlich zwar, weil Wölfe ihre Beute meist ziemlich vollständig verwerten und Reste verstecken, aber unmöglich ist das nicht. Die für Monitoring zuständigen Stellen sind an gut belegten Meldungen immer interessiert.

Sollte einem bei einer Nahebegegnung mit einem Wolf dennoch mulmig werden, dann kann man getrost eine Drohkulisse aufbauen, sich groß machen, den Wolf anschreien, vielleicht sogar einen Stein oder Ast nach ihm werfen. Im Gegensatz zu Begegnungen mit Bären, bei denen man eher höflich und langsam den Rückzug antreten sollte, lassen sich Wölfe durch menschliches Macho-Gehabe beeindrucken. Es schadet zudem nicht, ihnen nahezulegen, dass Menschen keine netten Zeitgenossen sind, die in Zukunft zu meiden sind. Keinesfalls sollte man auf die Idee kommen, seinen Proviant mit dem Wolf zu teilen – und bitte in Wolfsgebieten keine Nahrungsabfälle zurücklassen. Die Wölfe könnten die falschen Schlüsse daraus ziehen. Problemlos ist es auch, einen Hund dabeizuhaben, angeleint oder freilaufend in der Nähe, am besten auf dem Weg bleibend und nicht das Unterholz durchstöbernd. Die Nähe eines Menschen schützt Hunde zuverlässig vor Angriffen, selbst in Wolfsterritorien.

Keinen Grund zur Besorgnis gibt übrigens ein durchs Dorf laufender Wolf. Auf Video festgehalten in Deutschland und in der Schweiz, wo der vierbeinige Passant sogar ein paar Meter an einer Bushaltestelle vorbeilief, wo ein paar Leute warteten – ohne nach links oder rechts zu schauen übrigens, stur geradeaus. Das tun Wölfe gelegentlich, wenn sie rasch von A nach B wollen. Dann nehmen sie schon mal die Straße oder die Bahntrasse, was weniger mühsam ist als das Vorwärtskommen im Gebüsch. Aber auch gefährlicher, führt es doch dazu, dass relativ viele Wölfe vom Auto überfahren werden – es ist ihre zweithäufigste Todesursache in Deutschland. Autos kommen in der Evolution von Wölfen ebenso wenig vor wie in der anderer Wildtiere, sie fürchten sich deswegen auch nicht besonders davor. Es ist etwa kein Zufall, dass man in afrikanischen Wildparks den Tieren per Auto besonders nahe kommt. Das ginge auch per Pferd, aber heute fahren viel mehr Leute mit dem Auto, als dass sie reiten. Die meisten Videos mit Freilandwölfen entstehen hierzulande aus dem Auto, nicht selten von Wölfen, die eine Zeit lang parallel zum Auto oder davor herlaufen. Auch das ist kein

Zeichen dafür, dass sie die Scheu oder den Respekt vor Menschen verloren hätten. Wenn die Leute stehen bleiben und aussteigen, ist der Wolf sehr rasch weg.

Der gute Wolf: ökologische, ethische und politische Funktionen

Auch wenn die Mehrheit der Bevölkerung in Österreich, Deutschland und Europa Wölfen gegenüber positiv eingestellt ist – die lauten Lobbys und die Medienberichterstattung vermitteln vor allem den Eindruck des Wolfes als „Problem“. Selbst seriöse TV-Dokus gehen selten auf das komplexe Sozialleben, die menschenähnliche soziale Mentalität der Wölfe (siehe dazu Kapitel 3) und ihre positiven Wirkungen auf die Lebensgemeinschaften ein. Der Wolf erschwert manch menschliches Wirtschaften und weckt Urängste – wie schrecklich! Tatsächlich kann man eine Reihe positiver Wirkungen der wiederkehrenden Wölfe und auch unserer Erregungen über sie anführen: Wölfe sind wichtige regulierende Elemente der Ökosysteme und sie stoßen längst fällige ethische Debatten darüber an, ob Menschen tatsächlich das Recht haben bzw. ob es wirklich in ihrem eigenen Interesse ist, zu wirtschaften, als gäbe es keine Geschöpfe mit und neben ihnen. Genauso stellt sich aber die Frage: Wenn eine Mehrheit pro Wolf eingestellt ist – hat sie dann das Recht, einer Minderheit der Wolfsgegner einfach ihren Willen aufzuzwingen? Wie wollen wir in Zukunft ein möglichst konfliktarmes Zusammenleben nicht nur mit dem Wolf, sondern in der Gesellschaft generell gestalten?

Wie alle Lebewesen nutzt der Wolf nicht einfach vorhandene ökologische Nischen, sondern *konstruiert* sie. Durch seine Aktivitäten als Top-Beutegreifer, in der Ökologie als „Apex-Prädator" bezeichnet, steht er nicht nur einfach in regulatorischer Wechselwirkung mit seiner Beute – deren Dichte reguliert bekanntlich Wolfsdichten viel stärker als umgekehrt –, sondern beeinflusst deren Aktivität. Ganz ähnlich zum Menschen als potentesten Nischenkonstrukteur unter allen Arten verursachen Wölfe „Landschaften der Furcht". Am meisten Furcht unter Wildtieren verbreiten natürlich Menschen, die damit maßgeblich seit ihrer Ausbreitung über die Erde zum Rückgang und Aussterben sehr vieler Arten beitragen. Natürlich wirken sich die Aktivitäten der Wölfe nicht derart extrem aus wie die der Menschen. Und mögliche Beutetiere stellen sich in ihrem Verhalten so auf die Wölfe ein, dass sie die Wahrscheinlichkeit minimieren, gerissen zu werden. Das schließt „ehrliche", also nicht fälschbare Signale von Beute-Individuen ein, die darauf hinweisen, dass sie flucht- oder kampfstark sind, etwa Körpergröße, lässiges Davonlaufen oder entschlossene Gegenwehr. Tatsächlich spezialisieren sich Wölfe auf alte, junge oder kranke Beutetiere. Letztlich will man sich beim Jagen nicht in Gefahr bringen. Über diesen Selektionsmechanismus halten sie Wildbestände gesund. So bricht etwa die von Schweinehaltern gefürchtete Afrikanische Schweinepest bei Wildschweinen vor allem in der fast wolfsfreien westlichen Slowakei aus. Die Ostslowakei dagegen ist Wolfsland; fiebernde Wildschweine überleben dort nicht lange, was Ausbrüche der Schweinepest verhindert.

Seit einem Vierteljahrhundert leben im US-amerikanischen Yellowstone-Nationalpark wieder Wölfe, ein paar Dutzend in mehreren Rudeln. Sie reduzierten die vorherigen starken Überpopulationen der großen Grasfresser, Wapitihirsche, Elche und Bisons, die zudem ihre Weidegewohnheiten veränderten, indem sie Bereiche meiden, wo sie zur leichten Beute der Wölfe werden. Das führte zu einer Erholung der Vegetation, vor allem an den Gewässern, und damit zu einer geringeren Erosion. Durch die Wolfsrisse fiel auch für die Grizzly- und Schwarzbären etwas ab und es gelingt ihnen besser als früher, die Kälber der großen Pflanzenfresser zu erbeuten. Weil auch das Angebot an Beeren im Herbst anstieg, gibt es nun mehr Bären als früher. Andererseits kontrollieren die Wölfe als Apex-Prädatoren recht effektiv die kleineren Beutegreifer, in Nordamerika vor allem die allgegenwärtigen Kojoten. Die werden nicht bloß aus Beutemotivation getötet, sondern in der zwischen Gildenverwandten typischen aggressiven Form. Jagd auf Kojoten ist der „Sport" der Nordamerikanischen Wölfe. Darum leben die wenigen Kojoten in Wolfsgebieten recht zurückgezogen und vorsichtig, die Vielfalt an kleinen Säugetieren steigt, einschließlich Biber, die eine vielfältige Landschaft gestalten, wo wiederum andere Tiere und Pflanzen Lebensraum finden. Die größere Dichte und Vielfalt der Kleinsäuger wiederum begünstigt die Kleinprädatoren, wie Wiesel und die Greifvögel. Die Wölfe wirkten sich also günstig auf die Biodiversität im Nationalpark aus.

Diese Ergebnisse sind sicherlich nicht eins zu eins auf Europa übertragbar. Aber auch die europäischen Wölfe kontrollieren die mittelgroßen Beutegreifer, wie Dachs, Rotfuchs, Fischotter und Goldschakal, was in Folge die Diversität der Fauna begünstigt. Und für Rothirsche ist bekannt, dass sie in Wolfsgebieten zumindest langsamere Zuwachsraten zeigen, und Wölfe halten besser als menschliche Jäger Wildbestände gesund. So sollte man Wölfe im Westen Österreichs ranlassen, wo in Rotwildbeständen die Tuberkulose grassiert, was auch eine ständige Bedrohung einer Ansteckung für das Weidevieh bedeutet. Wölfe entfalten also auch vor unserer Haustür günstige ökologische und sogar ökonomische Wirkungen, aber sicherlich nicht in dem Ausmaß, zu dem sie fähig wären, wenn die Lebensräume in Europa ebenso ähnlich naturnah wären wie im nordamerikanischen Nationalpark.

Wolfsgerechte Lebensräume sind auch gut für die Menschen

In Deutschland und Österreich werden um die 30 Prozent der Wälder naturnah bewirtschaftet, in Österreich mehr als in Deutschland. Immer noch dominiert die Stanglwald-Fichtenmonokultur. Genauso intensiv werden die Felder als biologische Einöden bewirtschaftet und nach wie vor verschwinden die Feldraine. Ausnahmen bestätigen die Regel, aber selbst 30 Prozent Bio-Landwirtschaft in Österreich sind weder quantitativ noch qualitativ ausreichend für eine Trendwende in Richtung Nachhaltigkeit und Biodiversität. Auch Jagd- und Fischereiwirtschaft sind Teil des Problems, sie fördern und hegen die für sie interessanten Arten und bekämpfen das „Raubzeug". Durch die Überhege des Schalenwildes ist in vielen Gebieten eine naturnahe Waldwirtschaft gar nicht mehr möglich. In solchen denaturierten Lebensräumen kann auch der Wolf keine Wunder wirken. Damit er seine positiven ökologischen Einflüsse ausüben kann, braucht er jene naturnah bewirtschafteten Wälder, Wiesen und Felder, die unter anderem CO_2 binden, statt es zu emittieren, die also auch wir Menschen benötigen, um nachhaltig zu leben – Wölfe als Mahner für den Wechsel sozusagen. Letztlich sind wolfsgerechte Lebensräume mit ihren Erholungs- und Ökosystemfunktionen auch menschengerecht. So wird der Wolf zum Katalysator und Symbol für die Ökologisierung der Gesellschaft und des Wirtschaftens.

Es ist höchste Zeit, umzudenken und einzusehen, dass die Flinte keine Probleme löst. Menschen und ihre domestizierten Tiere sind Teile von Ökosystemen, deren Funktionen sie zum Überleben brauchen. Lebensmittel gehen auf Lebewesen zurück, wir brauchen Bienen zum Bestäuben, ein reiches Bodenleben, damit darauf etwas wächst und als Quelle für trinkbares Wasser. Und wir brauchen den Wolf als Mahner und in hoffentlich zunehmend wieder naturnäheren Lebensräumen in seinen ökologischen Funktionen als Apex-Prädator. Der Wolf und andere große Beutegreifer sind nicht bloß aus ethischen Gründen zu schützen, sondern als Funktionsträger in Ökosystemen, auf die wir nicht auf Dauer verzichten können. Und wie wollen wir etwa manchen Leuten in Afrika und Ostasien erklären, dass sie um den Preis von Hunderten Toten pro Jahr die Elefanten für uns schützen müssen, oder den Brasilianern, dass sie ihre Regenwälder nicht nutzen dürfen, wenn wir in den Ländern des reichen Nordens nicht fähig sind, zu relativ moderaten Kosten unsere Wälder naturnah zu bewirtschaften und mit Wölfen und Bären zu leben?

Letztlich triggert der Wolf nicht nur in deutschsprachigen Landen längst fällige Debatten zum Wirtschaftssystem und zur Gerechtigkeit der Verteilung gesellschaftlicher Rollen und Aufgaben. Dass eine Mehrheit der Österreicher pro Wolf eingestellt ist, scheint die Politik noch zu wenig zu kümmern. Diese Diskrepanz zwischen dem mehrheitlichen Willen der Bevölkerung und dem Agieren der Politik zeigt sich nicht nur beim Wolf, sondern auch bei der Klimapolitik sowie beim Natur- und Artenschutz: Die Kluft wird größer zwischen dem, was die Bürger und Bürgerinnen von ihren gewählten Vertretern erwarten, und dem, was diese zu tun bereit oder fähig sind. Mehr noch: Politisch Verantwortliche finden es offenbar immer noch schick, sich gegen Natur- und Artenschutz zu positionieren. Im Sinne einer uralten Klientelpolitik, aber gegen den Willen des Großteils der Bevölkerung signalisieren sie augenzwinkernd Zustimmung zum illegalen Abschuss von Wölfen oder deuten an, dass man lieber Bußgelder zahlt, als die in der FFH-Richtlinie vorgesehenen Natura-2000-Gebiete in vollem Umfang einzurichten.

Wie weit man mit dieser Haltung von der Bevölkerung entfernt ist, sollen folgende Zahlen verdeutlichen: So spendeten die Österreicherinnen und Österreicher 2016 laut Spendenbericht des Fundraising-Verbandes insgesamt mehr als 625 Millionen Euro. Etwa zehn Prozent dieser Summe wurden für Natur und Tiere gegeben. Für den Tierschutz ist die Altersgruppe der über 60-Jährigen besonders spendenfreudig, für Natur- und Umweltschutz sind es dagegen die 16- bis 34-Jährigen. Von der Politik werden die Leute mit diesem Anliegen aber bislang links liegengelassen. Tatsächlich benötigen Natur- und Artenschutz höchste Aufmerksamkeit. In den vergangenen 50 Jahren erlebten wir auch in Österreich ein in Ausmaß und Tempo nie dagewesenes Artensterben: Über die Dauer eines Menschenlebens sind ein Großteil der Wiesenvögel, der Schmetterlinge und der Amphibien verschwunden und zehn Prozent der Wirbeltiere sind akut vom Aussterben bedroht. Jene Mitgeschöpfe, die zu bewahren unsere Pflicht als Menschen wäre, auch um unsere eigene Zukunft zu sichern, lassen wir sehenden Auges aussterben, als „Kollateralschäden“ einer immer intensiveren Landwirtschaft, schier unglaublich ignoranter Einstellungen und peinlicher Bildungsdefizite.

Der Wolf als Symbol für die längst fällige ökologische Wende

Warum „brauchen“ wir den Wolf überhaupt? Das ist eine immer noch häufig gestellte Frage, typisch für unsere materialistische, menschenverliebte und naturvergessene Gesellschaft. Die heute einzig richtige Frage wäre, was wir tun können, um wieder eine höhere Biodiversität um uns zu ermöglichen. Wie schaffen wir es, wieder mit mehr Wildtieren zu leben, einschließlich der großen Beutegreifer? Allein diese Umstellung im Denken kann übrigens auch die Reste der Regenwälder erhalten. Ohne ein solches Umdenken sind auch noch so bemühte NGOs zum Scheitern verurteilt, wird das scheinheilige Entsetzen der Leute im reichen Norden auf die Verwalter dieser Wälder keinen Eindruck machen – weil wir Regenwald-Bewegte den Balken im eigenen Auge nicht sehen wollen, unsere eigenen Wälder und Felder als Produktionsstätten missverstehen und weiterhin auf Wolf & Co schießen. Die erhobenen Zeigefinger von ein paar Akademikern werden diesbezüglich wenig bewirken. Es braucht von den Gesellschaften getragene Änderungen im Lebensstil, die sich nicht nur auf Mülltrennen und Energiesparen konzentrieren, sondern vielmehr die essenziellen Zusammenhänge berücksichtigen. Mit teuren Elektroautos Supermärkte aufzusuchen, um dort billige Lebensmittel einzukaufen, hat keine Zukunft – und gefährdet die der großen Beutegreifer.

Es braucht eine Umstellung der gesamten Lebensmittelwirtschaft in Richtung mehr regional, mehr Direktvermarktung und es braucht höhere Erzeugerpreise statt einlullender Agrarsubventionen, die eine Umstellung auf ein nachhaltiges System erschweren. Verbleibende Förderungen müssen die Land- und Forstwirtschaft in Richtung ökologisch-nachhaltiges Wirtschaften lenken. Weil dadurch zwangsläufig die Lebensmittelpreise für die Verbraucher steigen, braucht es daher auch ein Steuersystem, das die eingesparten Mittel für die Agrarsubventionen in den Taschen der Leute lässt. Das würde zudem den Kaufentscheidungen einen viel höheren Lenkungseffekt geben. Und es braucht viel mehr Regionalität und Direktvermarktung, um die auch ökologisch bedenkliche Marktmacht der Supermarktkonzerne zu verringern.

So kommt man von der Frage, wie nachhaltiges und konfliktarmes Zusammenleben mit Wolf & Co möglich ist, rasch zu den großen, aktuellen Fragen zu Politik und Gesellschaft. Soviel auch zur naiven Idee, Natur- und Artenschutz wäre unpolitisch. Tatsächlich kann man den Wiederaufbau der Biodiversität und den Schutz der großen Beutegreifer nicht einfach bestehenden Gesetzen überlassen, auch nicht einer Politik, die bereits hinreichend oft ihre Neigung zu Alibihandlungen, Klientelbevorzugung und schlichtem Gesetzesbruch gezeigt hat. Es braucht vielmehr eine Zivilgesellschaft, die sicherstellt, dass Politik, Legislative und Exekutive so funktionieren, wie es einem liberalen, demokratischen Rechtsstaat angemessen ist. Damit nicht genug, eine funktionierende Zivilgesellschaft muss die Re-Ökologisierung des Wirtschaftens und der Lebensstile selber aktiv betreiben – mit Wählen allein ist es nicht mehr getan. Der Kauf von Bio-Lebensmitteln ist ein guter Anfang, vor allem aber sollte man sich zu Fragen des Natur- und Artenschutzes nicht mehr auseinanderdividieren lassen. Die Polarisierung zwischen Stadt und Land, zwischen jener Mehrheit, die den Wolf will, und jener Minderheit, die auf Wölfe schießt, ist weder Naturgesetz noch gottgegeben. Die gegenwärtigen ökologischen Katastrophen um Klima, Biodiversität und Pandemien wurzeln alle im achtlosen Umgang mit der Natur. Wir sind gezwungen, sie mit der Natur zu lösen, was auch kein Gegeneinander im Klein-Klein mehr erlaubt. Es braucht Kooperation, in und zwischen den Ländern. Dafür ist der Wolf mehr als bloß Symbol.

Es gebietet unsere Verantwortung für alle anderen Lebewesen, auf ein Leben mit, statt gegen Natur und Wolf umzustellen. Die rasante Eroberung der Erde durch Mensch und Hund sowie unser überragendes Potenzial zur Nischenkonstruktion brachten die Biosphäre an den Rand des Kippens. Dass heute mehr als 95 Prozent der Biomasse landlebender Wirbeltiere Mensch und domestizierte Tiere ausmachen, zeigt, wie sehr wir es bereits übertrieben haben. In Kooperation miteinander und mit unserem wichtigsten Kumpantier Hund müssen wir wieder einmal zurück zur Natur, diesmal aber wirklich! Das bedeutet viel mehr Raum für Wolf & Co, und Nutztiere, die ohne Qualzuchtmerkmale ihren Bedürfnissen entsprechend würdig leben können. Es braucht keine Turbo-Kuh mit 15.000 Liter Jahresmilchleistung, Sojafütterung und einem kurzen Leben. Wenn wir unseren Fleischkonsum auf einmal wöchentlich umstellen und weniger Milch wegschütten, schaffen wir es, ohne Verlust an Lebensqualität wieder mit langlebigen, gesunden Universalrassen in extensiver Weidehaltung zu wirtschaften, die auch wieder Platz für eine höhere Biodiversität und selbst den Wolf schaffen. Mensch und Hund sind an einen hohen pflanzlichen Anteil in der Nahrung angepasst, wir müssen uns also nicht derart fleischlastig ernähren wie unsere altsteinzeitlichen Vorfahren mit ihren zahmen Wölfen.

Der Weg von den altsteinzeitlichen Jäger- und- Sammlerkulturen bis in die ökologischen Sackgassen der Moderne wurde von Wolf und Hund begleitet. Alles begann mit der Partnerschaft mit dem Wolf vor 35.000 Jahren. Aus den Wölfen entstanden die Hunde, die bereits die ersten Domestikationen der Nutztiere begleiteten und ermöglichten. So assistierten die Hunde auch bei der Entwicklung jener letztlich ungesunden und überzogenen menschenzentrierten Selbstüberhöhung zur gottähnlichen, von der Natur emanzipierten „Krone der Schöpfung“, zum „reinen Geisteswesen“. So fiel auch der Wolf sehr nachhaltig in Ungnade, als Verkörperung einer bedrohlichen Natur, die es zu erobern galt. Welch ein Missverständnis! Denn es liegt in der menschlichen Natur, in Kontakt mit Tieren und Natur leben zu wollen, ja – zu müssen, weil es einem Grundbedürfnis entspricht. Nicht nur, weil wir letztlich nur Natur essen können, sondern auch, um es Kindern zu ermöglichen, sich optimal zu entwickeln, und es den Erwachsenen zu ermöglichen, ein einigermaßen von mentalen Problemen freies Leben in emotionaler Ausgeglichenheit zu führen. Dazu benötigt der „biophile“ Mensch Tiere und Natur. Das verdrängen wir aber immer noch. Die Aufklärung fokussierte auf den Verstand – und das ist gut so. Denn nur mit Beten, esoterischem Geschwurbel und der verständlichen Hoffnung, dass alles schon gut werden würde, ist die ökologische Wende nicht zu schaffen. Dazu braucht es klares Denken in Zusammenhängen und rationales Handeln. Aber dieser Fokus der Aufklärung auf den Verstand festigte auch die Macht der „alten weißen Männer“ mit ihrem nicht immer ungestörten Verhältnis zu Gefühlen, „Soft Skills“ und Natur.

Heute stehen wir vor den Scherben des überzogenen Ungleichgewichts zwischen Geist und Natur. Wir erkennen, dass es hoch an der Zeit ist, davon wieder wegzukommen, die Natur allein als Wirtschaftsraum zu betrachten, dass es Zeit ist, Entscheidungen wieder im Gleichgewicht zwischen Verstand und sozial gut eingebettetem Gefühl zu treffen. Die Ratio des kurzfristigen Gewinns ist letztlich tödlich irrational. Das scheint der tiefere Grund zu sein, warum so viele von uns den Wolf zurückhaben wollen und mit ihm eine andere, nachhaltig überlebensfähige Natur – ein sehr gefühlsbetonter Wunsch, deswegen aber nicht minder rational. Um dies zu schaffen, braucht es kluge und eigenverantwortliche Menschen, die zusammenstehen und in ausgeglichener Emotionalität vernünftige, weil nachhaltige Entscheidungen treffen – wie in meinen Büchern aus den Jahren 2019 und 2020 diskutiert. Dabei können uns die Hunde als älteste und engste tierische Gefährten in vielerlei Hinsicht beistehen, vor allem als mächtige soziale Unterstützer, die uns körperlich und mental gesund erhalten.

Ein Kreis schließt sich, von der hohen Wertschätzung, die unsere Vorfahren dem Wolf entgegenbrachten und uns schließlich die Hunde bescherte, über den stetigen und langfristigen Image- und Bedeutungsverlust des Wolfes vom Sesshaftwerden bis in den modernen Materialismus, und nun zurück in ein Bewusstsein einer für uns und andere überlebenswichtigen Natur, die auch ein Leben mit den großen Beutegreifern mit einschließt. Die Eroberung der Erde und die Unterwerfung ihrer Natur durch Mensch und Hund war nach stammes- und erdgeschichtlichen Zeitmaßstäben eine Revolution, die letztlich die Biosphäre und uns in die heutigen Schwierigkeiten brachte. Wird diese Revolution die eigenen Verursacher und Kinder fressen? Um zu überleben, braucht es nun eine rasche und gründliche ökologische Revolution. Die alten Bande in einem Netzwerk zwischen Wolf, Mensch, Hund und Natur gingen nie ganz verloren; sie müssen reaktiviert werden. Um die Zukunft zu gestalten, sollte man die Vergangenheit verstehen. Das neue Wissen über Hunde und Menschen ist dazu ein wichtiger Baustein, auch zum besseren Verständnis der Wölfe.

Der Rüde Chitto (links) lässt keinen Zweifel daran, dass er Tala (rechts) als Chefin anerkennt – meistens zumindest.

Kapitel 3

Wie Wölfe zu Hunden wurden

Lange war man auf der Suche nach dem „großen Unterschied" zwischen Wölfen und Hunden. Welch wunderschön plausible wissenschaftliche Hypothesen wurden da ersonnen! Etwa, dass die Domestikation Hunde zur weniger aggressiven, netteren und kooperativeren Version der Wölfe gemacht hätte. Vor allem die experimentelle Forschung des vergangenen Jahrzehnts zeigte aber, dass die Hundwerdung nicht ganz so einfach war. Eine zentrale Rolle spielten bei dieser Erkenntnis die gleichartig aufgezogenen und gehaltenen Wölfe und Hunde des Wolfsforschungszentrums in Ernstbrunn. Wir sehen heute ein Mosaik von Puzzlesteinchen, manche davon offensichtlich, andere eher überraschend. Allein die bewegte und komplexe gemeinsame Geschichte von Wolf/Hund und Mensch über die letzten 35.000 Jahre spricht gegen eine einfache, allzu geradlinige Hundwerdung.

Entstanden nette Hunde aus aggressiven Wölfen?

Bereits die ersten zahmen Wolfsgenerationen, die mit den steinzeitlichen Jägern und Sammlern lebten, standen unter einem erheblichen Selektionsdruck, tolerant und freundlich ihren Menschen gegenüber zu sein. Wölfinnen, die sich mit unseren Vorfahren arrangierten, gebaren ihre Welpen menschennah, andere zogen dann doch die Wildnis vor, manche wurden vielleicht sogar erschlagen. Ganz ähnlich leben übrigens manche der noch ihrer ursprünglichen Kultur verhafteten australischen Ureinwohner mit den Dingos. Unter „zahmen Wölfen" verstehen wir solche, die durch Handaufzucht von Welpen mit Menschen sozialisiert wurden und sie daher als ihre Sozialgefährten betrachten. Deswegen sind diese aber nicht auch schon „domestiziert". Denn „domestizierte Wölfe" sind die Hunde, weil die sich ja auch genetisch von der Stammform Wolf unterscheiden. Durch sorgfältiges Aufziehen entstehen also aus wild lebenden Wölfen menschensozialisierte Tiere. Wenn sich diese über mehrere Generationen auch genetisch – durch Mutation und Selektion – immer stärker an ein Leben mit Menschen anpassen, dann werden sie zu Hunden. Wobei man sich den Übergang zwischen hundeähnlichen Wölfen und wolfsähnlichen Hunden natürlich auch genetisch allmählich und kontinuierlich vorstellen muss.

Im Wesentlichen pflegte man über die ersten 20.000 Jahre Zusammenleben mit dem Wolf eine Partnerschaft auf Augenhöhe. Das änderte sich dramatisch erst mit dem Sesshaftwerden, vor etwa 10.000 Jahren. Fortan lebten die Menschen in hierarchisch-patriarchalen Gesellschaften in Form unterschiedlicher Ackerbauern- und Hirtenkulturen. Die Hunde passten sich in vielfältiger Weise an und werden bis heute teils gezielt auf Aussehen und Körpergröße, vor allem aber auf bestimmte Wesens- und Verhaltenseigenschaften ausgelesen. Diese Anpassung der Hunde an die vielfältigen Lebensweisen der Menschen zeigt sich auch in ihrer Genetik. Zu über 95 Prozent enthalten die Zellkerne ihrer Körper immer noch die alten Wolfsgene. Daher kann man mit gutem Gewissen Leuten, die eigentlich – aus welchen Gründen auch immer – mit einem zahmen Wolf leben wollen, einen Hund empfehlen. Sogar Dackel und Chihuahua sind quasi Wölfe im Westentaschenformat. Obwohl sie das etwa in ihrem Ausdrucksverhalten noch deutlich zeigen, kann man mit ihnen dennoch gut in unserer Zivilisationsumgebung leben, was mit einem zahmen Wolf oder den leider immer beliebter werdenden Wolf-Hund-Mischlingen schwierig ist. Jene genetische Mutationen, die heute die Unterschiede zwischen Wölfen und Hunden ausmachen, sammelten sich über die Jahrtausende der Domestikation an; diese zunächst zufälligen Veränderungen des genetischen Codes verbreiteten sich in den Nachkommen, wenn sie sich „bewährten", sich also auf den Fortpflanzungserfolg der Träger im Zusammenleben mit Menschen günstig auswirkten. Die größten Gruppen solcher typischen Hundegene sind vor allem für die Bildung des Gehirns und für die Verdauung zuständig, die genetischen Unterschiede zeigen sich aber auch im Aussehen und im Verhalten. Wenig überraschend, sind daher Hundehirne keine Wolfshirne mehr, weswegen Hundewelpen viel einfacher als Wolfswelpen mit Menschen sozialisieren.

Parallel zu ihren Versorgern passten sich die Hunde seit dem Sesshaftwerden auch an eine weniger fleischlastige, stärkehaltigere Ernährung an, weil die Menschen offenbar ihre Getreidenahrung mit den Hunden teilten. Für die heutigen Hunde bedeutet dies, dass man sie durchaus wie Wölfe ernähren kann, aber sinnvoll ist das nicht unbedingt, weil sie eben auch in ihrer Verdauung keine Wölfe mehr sind. Auch die modernen Menschen unterscheiden sich diesbezüglich aufgrund ihrer Anpassungen nach dem Sesshaftwerden von den altsteinzeitlichen Jägern und Sammlern; natürlich kann man sich im Sinne der „Steinzeitdiät“ von Fleisch, Nüssen und ein wenig Grünzeug ernähren, aber langfristig gesünder für moderne Menschen ist wahrscheinlich selbst zubereitete Mischkost aus frischen Zutaten, etwa nach dem bekannten Schema der „mediterranen Ernährung“. Egal, ob es um die Ernährung von Hunden oder Menschen geht – Vernunft und Hausverstand sollten den Ton angeben, nicht aber Ideologien oder gar pseudoreligiöser Eifer. Letztlich kann man für sich und seinen Hund individuell feststellen, was gut tut, ob es Unverträglichkeiten gibt etc. und darauf die Ernährung aufbauen.

Wie wurden aus Wölfen Hunde? Allein durch Selektion auf Zahmheit?

Entstand das Mosaik an Unterschieden zwischen Wölfen und Hunden vor allem als Nebeneffekte der Selektion auf Zahmheit, oder aber in direkter Selektion auf bestimmte Merkmale? Beispielsweise sind die Schnauzen der meisten Hunde kürzer als jene der Wölfe, ihre Zähne um einiges kleiner. Das ist Teil des sogenannten „Domestikationssyndroms“, also jenes Pakets von Eigenschaften, das die meisten domestizierten Tiere zeigen, egal ob Kaninchen, Schaf, Rind oder Hund. Vielleicht wurden die Hunde deswegen zu Abfallfressern – etwa 80 Prozent der eine Milliarde Hunde weltweit leben so –, weil ihnen die Jagdwerkzeuge ihrer Wolfsvorfahren nicht mehr voll ausgebildet zur Verfügung standen. Weniger wahrscheinlich erscheint, dass sich Hunde direkt an das Abfallfressen angepasst hätten und darum zartere Schnauzen und Zähne entwickelten – aber ganz ausgeschlossen ist dies nicht, wahrscheinlich wirkten beide Selektionsmechanismen zusammen.

Teils heftig diskutiert wird immer noch die eigentlich nicht allzu relevante Frage, ob nun Wölfe (*Canis lupus*) und Hunde immer noch einer biologischen Art angehören, ob also Haushunde in der Linnéschen Nomenklatur – der entsprechend wir die lebende Natur nach der vom schwedischen Naturforscher Carl von Linné im 18. Jahrhundert entwickelten Systematik in Arten, Gattungen, Familien etc. einteilen – als Unterart des Wolfes *Canis lupus familiaris* oder aber als eigene Art bloß *Canis familiaris* heißen sollten. Das bleibt letztlich Geschmackssache. Dennoch werden in unserer, auch an den Universitäten immer formalistischer werdenden Gesellschaft solche Fragen oft leidenschaftlicher diskutiert als die wirklich wichtigen Inhalte. Den Hunden Artstatus zuzubilligen oder eben nicht hat zeitgeistig passend, mehr mit Befindlichkeit als mit wissenschaftlicher Bedeutung zu tun. Vor allem evolutionär mäßig informierte Humanwissenschaftler, Psychologen und Kognitionsbiologen gestehen den Hunden fast selbstverständlich Artstatus zu. Weil ja nicht sein kann, dass die netten, zivilisierten Vierbeiner, mit denen man sich beschäftigt, allzu viel mit den – wie man immer noch glaubt – „aggressiven und unzivilisierten Wölfen“ zu tun haben. Tatsächlich ziehen sich Anthropozentrismus und Naturentfremdung bis tief in die Wissenschaft.

Argumente für den Artstatus von Wolf und Hund liefert ihr Verhalten, das sich in wichtigen Details unterscheidet. So leben Hunde auch ohne direkten menschlichen Einfluss ganz anders zusammen als Wölfe. Als Biologe bleibe ich aber skeptisch, in den Hunden eine eigene Art zu sehen, weil Wölfe und Hunde seit 35.000 Jahren, also seit es Hunde gibt, immer wieder Gene austauschen. Wolfsgene fließen in Hundepopulationen ein, entweder als „Unfall“ oder ganz bewusst von Menschen gesteuert. Und selten, aber doch fließen Hundegene über die Hybridisierung von Wölfen mit Hunden auch in Wolfspopulationen zurück, in Eurasien offenbar häufiger als in Nordamerika. Wölfe und Hunde können miteinander fruchtbare Nachkommen zeugen; wenn die Umstände passen, haben sie kein Problem damit, sich zu paaren. Dies bleibt das wichtigste biologische Argument dafür, dass die Wölfe und ihre domestizierte Form immer noch einer Art angehören. Übrigens können alle Arten des Genus *Canis*, also Wolf, Kojote und Schakal, fruchtbare Nachkommen miteinander zeugen. Zumindest in Nordamerika geschah das auch immer wieder zwischen Wölfen und Kojoten. Daher sollte eigentlich der Wolf und mit ihm Haushund, Kojote und Schakal als Unterart einer einzigen biologischen Art zusammengefasst werden. Aber die uns beinahe heilige Nomenklatur des Carl von Linné lässt Spielraum für Interpretationen und Weltanschauung. Weswegen ich auch nicht bereit bin, die Zugehörigkeit von Wolf und Hund zu einer einzigen Art mit Zähnen und Klauen zu verteidigen.

Wie das Bündnis zwischen Mensch und Wolf begann

Wie und warum Menschen und Wölfe vor mehr als 35.000 Jahren zusammenkamen, ist heute nicht mit Sicherheit zu beantworten, schließlich waren wir nicht dabei. Jedenfalls wurde der Bund knapp nach der Einwanderung unserer aus Afrika kommenden *Homo-sapiens*-Vorfahren vor über 40.000 Jahren ins eurasische Binnenland geschlossen. Wie man aus der Analyse der Gene aus den Funden ihrer Knochen weiß, waren das relativ große, schlanke, dunkelhäutige und blauäugige Menschen. Sie wurden in Europa erst vor etwa 8.000 Jahren von jenen Anatoliern verdrängt, welche Ackerbau, Viehzucht und die Kriegsführung nach Europa brachten. Und die wiederum mussten vor etwa 4.000 Jahren dem aus der Pontischen Steppe nach Europa, aber auch nach Nordindien vordringenden Hirtenvolk der Jamnaja weichen. Sie schwängerten die Frauen und brachten die Wurzeln der indo-europäischen Sprachen und Kulturen, das Pferd, ihre Hunde, die Pest und wahrscheinlich den Werwolf-Mythos und vermischten sich genetisch und kulturell mit den europäischen Ackerbauern. Diese drei großen steinzeitlichen Invasionen Europas hinterließen deutliche Spuren in den Genen der modernen Europäer, sie widerspiegeln sich aber auch in den Hunden, wie wir aufgrund der Ergebnisse der modernen Paläogenetik wissen. Im Gegensatz dazu zeigen sich die historischen Ereignisse der letzten 3.000 Jahre, so einschneidend diese auch gewesen sein mögen, kaum mehr in unseren Genen. Noch schwieriger wird es, will man auf Basis der Gene die Ausbreitung der Hunde über die Erde rekonstruieren, denn immer schon wanderten Menschen weite Distanzen – und ihre Hunde mit ihnen. Biogeografisch ergibt das natürlich ein ziemliches Durcheinander, das aber bereits recht gut aufgelöst werden konnte.

Aus Afrika kamen die Jäger und Sammler Eurasiens ohne Hund, aber mit ihren animistischen Vorstellungen von einer beseelten Natur, mit ihren Schamanen und Mythen zur menschlichen Verwandtschaft mit den anderen Tieren und zu Verwandlungen in diese. Ein paar in Europa gefundene, über 30.000 Jahre alte Beinstatuetten von Menschen mit Löwenköpfen deuten auf die wahrscheinlich aus Afrika und dem Nahen Osten mitgebrachte Rolle der Löwen als Totemtiere hin. Bald aber wurde offenbar aus der abstrakt-spirituellen Totembeziehung zum Löwen eine recht konkrete Beziehung zum Wolf. Zumal sich handaufgezogene Löwenbabys kaum in eine menschliche Gesellschaft integrieren lassen, Wölfe aber schon. Es mag den genau beobachtenden Jägern aufgefallen sein, dass es da ein Tier gab, dessen Jagdtechnik, Ernährung, vor allem aber Familienleben ihrer eigenen Lebensweise sehr ähnlich war. Und was wir heute über Wölfe wissen, lässt darauf schließen, dass das Interesse wechselseitig war, zumal die damaligen Wölfe aufgrund der mangelnden Verfolgung ziemlich sicher weniger menschenscheu waren als die heutigen. Jedenfalls ist es kaum vorstellbar, dass mit diesen Beobachtungen der Jäger keine spirituellen Vorstellungen verknüpft gewesen wären.

Wechselseitiges Interesse erklärt natürlich nicht, wie man tatsächlich zusammenkam – oder warum man dann auch zusammenblieb. Und warum gerade mit dem Wolf? Die Steppen Eurasiens boten den wenigen Menschen reiche Beute, als die Eiszeiten vor etwa 11.000 Jahren langsam ausklangen. Ähnlich wie die ostafrikanischen Savannen waren sie voll mit Weidetieren; unter anderem gab es Wildpferde und Wildrinder, Hirsche, Moschusochsen, Wollnashörner, Mammute etc. Viel Beute, die eine große Gilde von Beutegreifern ernährte, einschließlich der letzten Säbelzahnkatzen, der Bären, aber auch sozialer Arten wie Hyänen, Löwen – und eben Wölfe. Offenbar hatte es mit den Wölfen am besten gepasst, sonst würden heute wohl domestizierte Hyänen in unseren Betten schlafen – oder die Menschen wären ohne einen ähnlich engen Tierkumpan wie dem Hund geblieben. Obwohl körperlich im Vergleich zu anderen Arten wenig imposant, waren Wölfe und Menschen dennoch die unangefochtenen Top-Prädatoren in der Altsteinzeit. Überlegen machte sie ihre Klugheit, vor allem aber ihre kooperative Organisation. Als sich Menschen und Wölfe zusammentaten, war dies daher kaum eine Allianz zur Kompensation der eigenen

Schwächen; die Beziehung zum Wolf begann vielmehr als Bündnis zwischen zwei ökologisch starken Arten – tatsächlich entstand daraus etwas ganz Neues.

Zur Frage, wie man zusammenkam, hört man immer noch populäre Vorstellungen, wonach manche Wölfe sich den Menschen angeschlossen hätten, weil die durchaus Verwertbares hinterlassen, etwa Jagdreste und leckeren Kot (sorry, aber Wölfe und manche Hunde scheren sich in ihren Vorlieben wenig darum, was Menschen davon halten). Natürlich ist nicht ganz auszuschließen, dass die Annäherung von den Wölfen ausging. Allerdings neigt die Mehrheit der Kollegenschaft mit direkter Wolfserfahrung zur Ansicht, dass die Beziehung zwischen den beiden Arten mit noch blinden und tauben Welpen begonnen haben muss, die von Jägern mit nach Hause gebracht wurden. Wölfinnen verteidigen ihre Wurfhöhlen nicht und die Welpen wurden an der Brust laktierender Frauen gemeinsam mit menschlichen Babys aufgezogen, wie man es heute noch in entlegenen Weltgegenden mit Hundewelpen und Schweinchen macht. Damit entstand eine enge soziale Bindung zwischen diesen Wölfen und den Menschen, die wir auch heute noch am Wolfszentrum durch sorgsame Handaufzucht erzielen. Nur so entwickeln Wölfe jenes Urvertrauen zu „ihren" Menschen, das es ihnen auch erlaubt, mit ihnen zu kooperieren, etwa beim Jagen. So entsteht jene Hemmung unter engen Sozialgefährten, welche die zahmen Wölfe daran hindert, die Babys der Menschen als leichte Beute anzusehen. Wäre das nicht der Fall gewesen, dann gäbe es heute wohl kaum Hunde.

Ähnliche Sozialgefüge: Darum passten Menschen und Wölfe zusammen

Wölfe und ursprüngliche Menschen sind beide Laufjäger mit ähnlichem Beutespektrum. Beide benötigen aber auch pflanzliche Zusatzkost, etwa um ihren Bedarf an essenziellen ungesättigten Fettsäuren zu decken. Aufgrund ihrer ganz ähnlichen Ökologie und Lebensweise organisieren sich Wölfe und Menschen auch sozial in ganz ähnlicher Weise in hoch kooperativen Familienklans. Denn soziale Organisation fällt nicht einfach vom Himmel, sie entwickelt sich evolutionär als Anpassung an eine bestimmte Ökologie und Lebensweise. In komplexer Zusammenarbeit jagt man, beschafft Nahrung, zieht den Nachwuchs auf, verteidigt sich gegen Raubfeinde wie Hyänen und Bären – und gelegentlich mehr oder weniger brachial gegen die Nachbarclans. Bis heute töten Wölfe in Konkurrenz um Territorien und Beute fremde Wölfe. Das nennt man mit einem vornehmen wissenschaftlichen Euphemismus „dichteabhängige Regulation". Sie führt dazu, dass es in Gebieten mit etablierten Rudeln und relativ hohen Beutedichten bei etwa sechs Wölfen pro 300 Quadratkilometern bleibt. Auch Menschen tendieren zur Skepsis gegenüber Fremden. Wie der große US-amerikanische Biologe Edward Wilson festgestellt hat, besteht ein enger Zusammenhang zwischen der Komplexität der sozialen Organisation, der gruppeninternen Zusammenarbeit und der aggressiven Verteidigung gegen Fremde – egal, ob bei sozialen Insekten oder Säugetieren. Allerdings müssen Menschen ihre Nachbarn nicht zwanghaft bekämpfen bzw. töten, sie können auch Feste miteinander feiern oder durch Heirat Allianzen zwischen Gruppen herstellen. Das tun Wölfe eher nicht.

Bei Wölfen, wie auch bei den Menschen, hängt die Mordlust gegenüber den Nachbarn von der Besiedlungsdichte und den Konkurrenzverhältnissen ab. So sind bei geringen Wolfsdichten Auseinandersetzungen zwischen benachbarten Wolfsrudeln selten. Im altsteinzeitlichen Eurasien lebten gerade einmal ein paar tausend Jäger und Sammler inmitten von viel Jagdwild; es gab also kaum Grund für diese Leute, den Nachbarn die Schädel einzuschlagen. Massive Hinweise dafür finden Archäologen erst für die Zeit nach dem Sesshaftwerden in den Gesellschaften der Ackerbauern. Parallel dazu wurden durch Auslese aus den relativ friedlichen wolfsähnlichen Hunden der Jäger und Sammler aggressive Verteidiger und Kriegsgefährten. Dazu passend, waren die ersten großen Bauten der Menschheit Mauern und Gräben, und die ersten organisierten Kriege vor etwa 8.000 Jahren wurden sehr wahrscheinlich von Mensch-Hunde-Heeren geführt. Daran hat sich bis heute wenig geändert, wie etwa die Kriegshunde in den Spezialeinheiten der aktiven Armeen der Welt belegen.

Menschen und Wölfe sind hochsoziale Kooperationstiere, die mental ganz ähnlich ticken. Erstaunlich eigentlich, haben wir als Primaten bzw. Kaniden einen gemeinsamen Vorfahren vor immerhin etwa 60 Millionen Jahren. Wir sind also stammesgeschichtlich nicht eng miteinander verwandt. Die parallele ökologische und soziale Entwicklung der beiden Arten *Homo sapiens* und *Canis lupus* führte dazu, dass es kein anderes Tier gibt, das uns Menschen ökologisch und sozial ähnlicher wäre, als der Wolf. Als wäre dem lieben Gott der Mensch nicht schon erfolgversprechend genug gewesen, gesellte er ihm sozusagen eine Geschwisterart bei, die in ihrer domestizierten Form als Hund den Menschen endgültig zur invasivsten und ökologisch erfolgreichsten aller Arten werden ließ. Es hat von Anfang an auch deswegen gepasst, weil Jäger und Sammler in ihren Clans genau wie Wolfsrudel in flachen Hierarchien leben. Man kommandiert einander nicht herum, was im Zusammenleben mit zahmen Wölfen ganz wichtig ist – die mögen das nämlich gar nicht.

Zudem entsteht die Gleichheit bei Wölfen und Menschen nicht etwa dadurch, dass die erfolgreichen Jäger gnädig den dankbaren Mitgliedern ihres Klans etwas von ihrer Beute abgeben würden; im Gegenteil, man nimmt, was man braucht, ohne Bitte und Danke. So verteilen sich wichtige Ressourcen gleichmäßig innerhalb der Gruppe, ohne dass dadurch Abhängigkeiten entstehen. Kinder, Frauen oder Männer sind in vielen Jäger- und Sammlerkulturen recht gleichrangig, man lernt nicht durch Drill, sondern durch Zuschauen und über Vorbilder. Und bei diesen Menschen und bei den Wölfen respektiert man die Älteren als Erfahrene, von denen man lernt. Daher gibt es auch keinen „Leitwolf", der die anderen maßregelt und sie zu etwas zwingen muss. Solch autoritäre Muster entstanden bei den Menschen erst mit dem Sesshaftwerden. Lange davor trafen die relativ egalitär tickenden Wölfe auf ebensolche Menschen. Anzunehmen, dass diese Menschen mit ihren ersten zahmen Wölfen ebenso umgingen. Das entspricht auch unserer Erfahrung am Wolfsforschungszentrum: Man kann als Partner auf Augenhöhe mit zahmen Wölfen hervorragend kooperieren – solange man sie nicht dominant kommandiert oder gar herumschubst; dagegen leisten Wölfe im Gegensatz zu Hunden sofortigen Widerstand und verweigern die Zusammenarbeit. Ziemlich sicher also haben die Leute vor mehr als 35.000 Jahren ihre ersten zahmen Wölfe nicht einfach in die Partnerschaft gezwungen. Konnten sie ja auch nicht, ohne metallene Ketten oder Gitter.

Wolf und Mensch: anpassungsfähig und Neuem gegenüber aufgeschlossen

In noch einem für den ökologischen Erfolg sehr wichtigen Merkmal stimmen Menschen und Wölfe wunderbar überein: Im Vergleich zu anderen Tieren sind sie überaus flexibel, was Lebensraum und Lebensweise betrifft. Sowohl Menschen als auch Wölfe können allein leben – wenn es sein muss –, sie sind aber generell für Überleben und Fortpflanzung auf die Gruppe angewiesen. Menschen wie Wölfe besiedelten fast alle Lebensräume der Welt dauerhaft, selbst die extremsten. Von den Wüsten Arabiens, des Mittleren und Fernen Ostens und Afrikas (der seltene „Ägyptische Schakal" der Sahelzone stellte sich genetisch als der Afrikanische Grauwolf heraus) bis weit jenseits des Polarkreises, von den Küstenregionen bis in die extremen Hochebenen und Gebirge. Als biologische Art sind die Grauwölfe etwas älter als die modernen Menschen, es gibt sie seit mindestens etwa zwei Millionen Jahren, uns seit mindestens einer Million. Das Entstehungszentrum der Wölfe lag im Norden Eurasiens, das der Menschen in den ostafrikanischen Steppengebieten. Deswegen sind Menschen auch wesentlich wärmeliebender und besser an Hitze angepasst als Wölfe und Hunde, aber schlechter an Kälte. Wir benötigen daher als „nackte Affen" in gemäßigtem und kaltem Klima Kleidung. Den Wölfen dagegen wächst im Winter ihr eigener, exzellent gegen Kälte und Nässe isolierender Pelzmantel. Während wir Menschen auf der gesamten Körperoberfläche schwitzen, kühlen Wölfe und Hunde bloß über die Schleimhäute von Nase und Rachen. Menschen leiden daher eher unter Kälte, Wölfe und Hunde dagegen unter Hitze.

Die beiden Arten besiedelten zunächst voneinander unabhängig die Nordhalbkugel. Die Wölfe wanderten vor höchstens

40.000 Jahren über den damals aufgrund der Eiszeiten trockenliegenden Kontinent Beringia im Nordosten Sibiriens nach Nordamerika ein. Kaum dort angekommen, machten sie wohl aufgrund ihrer überlegenen sozialen Organisation den dort lebenden, viel größeren Diriswölfen den Garaus. Und als später, beginnend vor etwa 15.000 Jahren die Menschen mit ihren Hunden nach Nordamerika nachkamen, ging es gemeinsam auch den letzten verbliebenen elefantenähnlichen Mastodonten und anderen altertümlichen nordamerikanischen Großsäugetieren an den Kragen. Die modernen *Homo-sapiens*-Menschen wanderten, von Klimaveränderungen getrieben und in mehreren Wellen, im Zeitraum vor 100.000 bis 60.000 Jahren aus Afrika aus. Als sie vor über 40.000 Jahren im zentralen Europa und Eurasien ankamen, trafen sie dort nicht nur auf die Wölfe, sondern auch auf die letzten verbliebenen Neandertaler, deren *Homo-erectus*-Vorfahren bereits Hunderttausende Jahre zuvor Afrika verlassen hatten. Wie die Diriswölfe Nordamerikas waren die eher in bewaldeten Gebieten aus dem Hinterhalt jagenden Neandertaler größer, aber wahrscheinlich weniger flexibel und anpassungsfähig als unsere im offenen Gelände laufjagenden Vorfahren. Kaum tausend Jahre nach deren Ankunft in Europa verschwanden die letzten Neandertaler. Unklar bleibt, ob sie der Konkurrenz mit den Neuankömmlingen, vielleicht gar deren Überlegenheit durch das Bündnis mit Wölfen zum Opfer fielen oder aber den Veränderungen von Klima und Lebensräumen. Ganz verschwunden sind sie übrigens nicht, trägt doch jeder Europäer und jede Europäerin noch einige Prozent Neandertalergene in sich. Unklar bleibt auch, ob die nach Nordamerika einwandernden modernen Grauwölfe sich ebenfalls auf Techtelmechtel mit den Diriswölfen einließen und daher auch heute noch deren Gene tragen. Ihre Vermischung mit Kojoten dagegen ist klar belegt. Bis heute sind die meisten Wölfe aus Nordamerika weniger scheu und flexibler im Umgang mit Neuem als ihre eurasischen Verwandten. Nicht auszuschließen, dass die Kojotengene dazu beigetragen haben. Nach heutigem Wissen sind Hunde ausschließlich aus eurasischen, nicht aber nordamerikanischen Wölfen entstanden.

Auch bezüglich Ernährung und Habitatansprüche sind Wölfe und Menschen ähnlich flexibel. Im Wesentlichen sind beide „Fleischfresser". Aber obwohl sogar die zoologische Ordnung, in der die Wölfe eingereiht werden, von Carl von Linné als „Carnivora" (also Fleischfresser) bezeichnet wurde (umschließt Katzen, Bären, Hunde, Marder, Robben und noch ein paar andere Familien), trifft es nicht zu, dass sich Wölfe ausschließlich von anderen Tieren ernähren. Wie die Menschen auch, benötigen sie pflanzliche Nahrung, um etwa die überlebenswichtigen ungesättigten Fettsäuren aufzunehmen, die sie aber im Gegensatz zu den Katzen nicht selber herstellen können. Sie nehmen daher auch Früchte und Kräuter oder auch den Mageninhalt eines eben gerissenen Pflanzenfressers. Menschen hatten wohl immer schon das Potenzial, sich zu einem erheblichen Teil von Pflanzen zu ernähren – in Äquatornähe mehr, gegen die Pole hin eher weniger. Und zweifellos steigerte sich diese Fähigkeit bei den Menschen und ihren domestizierten Wölfen in den vergangenen 10.000 Jahren im Zusammenhang mit dem Ackerbau. Daher ist es heute gut möglich und durchaus artgerecht, Hunde rein vegetarisch zu ernähren – falls man meint, das tun zu müssen. Der große ökologische Fußabdruck unserer privaten Luxushunde wäre übrigens ein gutes Argument dafür.

Dass sich selbst Wölfe eine Zeit lang weitgehend vegetarisch ernähren können, erlebten wir im Herbst 2009, knapp nach der Gründung des Wolfsforschungszentrums. Die 2008 und 2009 aufgezogenen Wölfe lebten damals in einem etwa 4.000 Quadratmeter großen Behelfsgehege im Obstgarten des Schlosses Ernstbrunn. Die wunderbaren alten Obstbäume trugen verschiedene Sorten von Äpfeln, Birnen und Pflaumen, die von August bis November von den Bäumen fielen. Trotz zurückhaltender Fütterung nahmen damals unsere zehn Wölfe merklich an Körpermasse zu. Und im Gehege fanden wir ziemlich große, aber wohlgeformte Haufen, die an Bärenkot erinnerten. Unsere Wölfe ernährten sich in diesem Herbst weitgehend von süßem, reifem Obst. Das schätzen sie durchaus auch im Freiland. So besuchen die Wölfe der Isle Royal in Michigans Lake Superior im Herbst gern eine schon lang verlassene Farm, deren Apfelbäume immer noch Fallobst produzieren. Um Früchte zu mögen, sollten sie allerdings bereits als Jugendliche damit in Kontakt gekommen sein. Für manche unserer alten Wölfe war süßes Obst lebenslang ein Leckerbissen, nicht aber für später aufgezogene Wölfe, die nicht damit aufgewachsen waren. Auch Menschen bevorzugen als Erwachsene bekanntlich die Kost ihrer Jugend. Da Wölfe im Gegensatz zu Bären keinen Winterschlaf halten, wäre es auch nicht besonders sinnvoll für sie, sich über diese hochkalorische Nahrung einen Winterspeck anzufressen – zumal die beste Jagdzeit für Wölfe der späte Winter ist, da es dann genügend schwache Beute gibt, die sich beim Flüchten im harschigen Schnee schwerer tut als die Wölfe mit ihren breiten Pfoten beim Verfolgen. Aber süßes Obst schmeckt gut und ein paar Vitamine und Fettsäuren schaden ja nicht. Im November war dann übrigens Schluss mit Fallobst und unsere fruchtfressenden Wölfe wurden wieder zu ziemlichen Fleischtigern.

Sowohl ursprüngliche Menschen als auch Wölfe jagen offenbar lieber gemeinsam größere Beute als allein kleine Tiere. Wenn die Gelegenheit lohnt oder der Hunger dazu zwingt, dann fangen Menschen und Wölfe Fische, ernähren sich von Insekten und Beeren und – im Fall der Wölfe – auch vom Kot anderer Tiere. Wölfen und ursprünglichen Menschen ist gemeinsam, dass sie einerseits zwar vorsichtig und rational jagen, also alte, junge und verletzte Beutetiere bevorzugen und es lieber auch mal sein lassen, wenn der Hunger nicht groß genug oder die Beute zu wehrhaft ist. Andererseits dient die Jagd aber nicht nur der Ernährung. Bei Menschen – und vielleicht auch bei Wölfen – ist sie Instrument sozialer Selbstdarstellung. Jedenfalls steckt beim Menschen im Jagen auch das Geschlechterthema. Seit grauer Vorzeit war die Jagd auf große Tiere vorwiegend eine Tätigkeit der Männer, obwohl besonders aus der feministischen Ethnologie immer mehr Hinweise auf eine stärkere Beteiligung der Frauen bei der Jagd kommen, als man zu Zeiten einer allzu patriarchalen Wissenschaft zu akzeptieren bereit war. Jäger und Krieger zu sein, gehörte immer schon zusammen, auch, weswegen sich die Jagd- und Kriegswaffen parallel entwickelten. Auch aus diesem Grund war und ist die Jagd trotz teils erheblicher weiblicher Beteiligung vorwiegend männlich. Für die Vorliebe der Menschenmänner für große und extrem gefährliche Tiere gibt es kaum eine wirklich rationale Erklärung. Die Kältesteppen waren voll mit Wild und dennoch spezialisierten sich vor etwa 35.000 Jahren viele Jäger- und Sammlerclans in Eurasien beinahe gleichzeitig auf die Mammutjagd, vielleicht auch, weil es ihnen die Assistenz durch zahme Wölfe ermöglichte. Obwohl man genügend weniger gefährliche Tiere vor der Speerspitze gehabt hätte, musste es das Mammut sein!

Flexible Großwildjäger

Bei dieser Großwildjagd könnte es sich um jenes typische Primaten-Machoverhalten handeln, das die Menschen(männer?) immer schon antrieb, die Rekordjagd im Sport befeuert und besonders ehrgeizige Exemplare unter uns die Besiedlung des Mars anstreben lässt – das moderne Äquivalent zur altsteinzeitlichen Mammutjagd. Geltungsdrang scheint dagegen die Wölfe nur wenig umzutreiben. Große Beute bedeutet einfach viel Fleisch für alle. Und weder Jagd noch der Kampf mit den Nachbarrudeln sind besondere Domänen der Rüden. Die Wölfinnen sind Teil der Jagdgesellschaft und kämpfen auch gegen die Nachbarn, obwohl es nach Daten aus dem Yellowstone-Nationalpark scheint, als wären ältere Männchen dabei besonders risikobereit. Dass es auch bei den von Wölfen abstammenden Hunden starke graduelle Unterschiede in der Aggressionsbereitschaft zwischen den Geschlechtern gibt, belegt das Faktum, dass etwa 80 Prozent aller Hundebisse gegen Menschen von Rüden abgeliefert werden.

Dennoch neigen Wölfe weniger als Menschen zur Ausbildung von Geschlechterrollen. Es bleibt unklar, ob eine solch „vorprogrammierte" Neigung zur Ausbildung arbeitsteiliger Geschlechterrollen die ökologische Flexibilität hemmt oder aber begünstigt. Hängt wahrscheinlich von den Umständen ab. Es scheint, als würden auch bei den Wölfen geschickte Jäger und draufgängerische, strategisch denkende Krieger Ansehen genießen. Das würde sich darin zeigen, dass diese Tiere durch ihre Rudelmitglieder mehr positive Zuwendung als andere erfahren, etwa durch Lecken der Mundwinkel, Spielaufforderung oder schlicht indem die anderen räumliche Nähe zu ihnen suchen. Über einen solchen Zusammenhang zwischen der Tüchtigkeit beim Jagen und Kämpfen und dem sozialen Ansehen ist bei Wölfen im Gegensatz zu Menschen noch nichts bekannt. Denn genaue Langzeitbeobachtungen an Freilandwölfen sind nur schwer möglich. An Wölfen im Gehege natürlich schon, aber für sie ist Jagen oder Kämpfen keine Option.

Die ökologische und soziale Flexibilität von Menschen und Wölfen sind zwei Seiten der gleichen Medaille. Natürlich gibt es auch soziale Unterschiede. So leben Wölfe streng monogam, die Menschen eher seriell monogam. Das hat auch damit zu tun, dass im Wolfsrudel das Elternpaar das Monopol auf Nachwuchs hat, außer etwa, wenn in Ausnahmefällen extremer Bedrohung durch die Nachbarn mehrere Weibchen Nachwuchs aufziehen. Ein neues Rudel wird durch zwei aus ihren Herkunftsrudeln abgewanderte Jungwölfe gegründet; fremde Wölfe integrieren sich nur in seltenen Ausnahmefällen in ein bereits bestehendes Rudel. Dieses streng monogame System der Wölfe verhindert daher auch Inzucht. Dagegen finden im Primaten-Sozialsystem der Menschen in der Regel junge geschlechtsreife Frauen im Nachbarclan einen Partner. Solche Verbindungen verhindern ebenfalls Inzucht und stabilisieren das Netzwerk an Allianzen mit den Nachbarn. Gewöhnlich hält man es aber unter Menschen mit der sexuellen Treue nicht ganz so genau wie unter Wölfen, schon gar nicht lebenslang.

Diese Grundzüge „artspezifischer Sozialsysteme" bilden bei beiden Arten den Rahmen für eine erstaunliche Flexibilität, die sich an den ökologischen und ökonomischen Gegebenheiten orientiert. In anderen Worten: Wölfe und Menschen passen ihr Sozialleben stark an die äußeren Umstände an. Die wohl weitreichendste und nachhaltigste Veränderung des sozialen Zusammenlebens der Menschen fand vor etwa 10.000 Jahren im Zuge der sogenannten „Neolithischen Revolution" statt. In den Jäger- und Sammlerkulturen der Welt waren und sind die Menschen im Wesentlichen wenig hierarchisch organisiert, mit wirksamen Mechanismen, Leute zurechtzustutzen, die sich über die anderen erheben wollten. Diese brauchte es auch, denn es liegt in der Natur der Menschen, Hierarchien zu entwickeln. Vor allem Männer streben nach Macht und – letztlich – nach Kontrolle über die weibliche Sexualität und Vermehrungsfähigkeit, wenn sie dazu die Gelegenheit bekommen. Genau das geschah beim Sesshaftwerden. Vorwiegend Männer erlangten die Kontrolle über Schlüsselressourcen wie Nahrung und materiellen Reichtum, über (Sklaven-)Arbeit, organisierte Kriegsführung und letztlich – Reproduktion. Es entstanden arbeitsteilige und extrem hierarchische Systeme, stabilisiert durch Allianzen zwischen den weltlichen Fürsten und den Priesterkasten. Half eine einfache animistische Spiritualität den Jäger-und-Sammler-Leuten, mit Leben und Welt zurechtzukommen, so wurden die formalen Religionen der Sesshaften zu Instrumenten der Herrschaftssicherung. Das Aushandeln von Macht und Einfluss – auch zwischen den Geschlechtern – kennzeichnet ja immer noch gerade unsere demokratisch-aufgeklärten Gesellschaften.

Mittendrin in der menschlichen Gesellschaftspolitik standen immer schon die Hunde, bereits vor der Neolithischen Revolution als noch wolfsähnliche Partner der Jäger und Sammler. Mit der Hierarchisierung der Gesellschaften wuchs der Unterordnungsdruck auf die Hunde, aber auch der Druck, sich aggressiv gegen Fremde zu verhalten; kein Wunder also, dass die Bereitschaft, Autoritäten anzuerkennen, heute zu einem der wichtigsten Unterscheidungsmerkmale der modernen Hunde von den Wölfen zählt. Waren die Hunde der Jäger- und Sammlerkrieger vielleicht deren Jagd-, aber nicht deren Kampfgefährten, so änderte sich das mit dem Sesshaftwerden und den ersten organisierten Heeren.

Neben der Spiritualität und Jagd entstanden nun parallel zwei weitere Kooperationsbereiche zwischen den Menschen und ihren Hunden: Als Hüte- und Schutzhunde verteidigten sie die Herden der eben domestizierten Schafe und Rinder ihrer Menschen gegen wilde Wölfe und andere Räuber. Sie kämpften als molosserartige Kriegshunde von der Statur von Doggen oder Dogo Argentinos fürderhin in den Schlachten an der Seite ihrer menschlichen Partner und überfielen gemeinsam die Nachbarn. Diese schweren Hunde wurden seit Urzeiten auch auf „Dranbleiben" gezüchtet, also darauf, selbst im verwirrenden Getümmel noch anzugreifen oder sogar als Verwundete nicht nach- oder loszulassen. Diese Differenzierung in frühe „Hundeberufe", Herdenführung und -schutz sowie Krieg schlägt sich auch heute noch in den Genen der modernen Hunde nieder. Die Kriegspartnerschaft ist immer noch aktuell, wie gerade Afghanistan zeigte, wo Tausende von Belgischen und Deutschen Schäferhunden als Angehörige westlicher Armeen heikle Kampfeinsätze bestritten. Viele wurden dabei getötet.

Die Lebensumstände bestimmen das Sozialverhalten

Ähnlich wie das menschliche Sozialverhalten reagiert auch das der Wölfe auf die konkreten Lebensumstände. So hängen etwa Stabilität und Größe ihrer Rudel von Beutedichte und Konkurrenzdruck ab. In den Wüsten- und Steppengebieten des Mittleren Ostens und Nordafrikas ähneln die Wölfe in Aussehen und Lebensweise den Schakalen. Aufgrund der knappen und weit verteilten Beute leben sie dort allein oder paarweise vor allem von Kleinsäugern. Diese Wüstenwölfe wiegen um die 15 Kilogramm. Sie tendieren auch dort kaum zur Rudelbildung, wo es die Nahrungsdichte erlauben würde, wahrscheinlich weil sie bereits mental weniger tolerant und kooperativ eingestellt sind als die Rudelwölfe weiter im Norden. In mittleren Breiten bis zum Polarkreis finden Wölfe die höchsten Beutedichten vor. Folgerichtig erreichen diese nördlichen Wölfe bis zu 70 Kilogramm und sind im Rudel recht tolerant und kooperativ – als handaufgezogene Tiere leben sie das auch ihren Menschenpartnern gegenüber.

Dass die Wölfe mittlerer und nördlicher Breiten in der Regel in stationären Rudeln von rund sechs bis acht Tieren in einem Familienclan um ein monogames Gründerpaar leben, bedeutet natürlich nicht, dass das für alle Wölfe gilt. So etwa blieben zunächst die sich von Ost nach West in Deutschland ausbreitenden Pionierrudel mit zwei bis vier Tieren in der Regel recht klein. Deren Jungtiere neigten nämlich dazu, sich bereits im ersten Herbst oder Frühjahr ihres Lebens von den Eltern zu trennen, um in der Ferne einen Partner zu finden, mit dem man ein neues Rudel bilden kann. Eine solche frühe Selbstständigkeit ist aus zwei Gründen möglich: Erstens leben diese Wölfe in rekordverdächtig hohen Beutedichten. Damit sind nicht die allgegenwärtigen Schafe gemeint, sondern die in Mitteleuropa aufgrund einer zügellos ausufernden Jagdwirtschaft stark überhegten Rehe, Hirsche und Wildschweine. Das erlaubt unerfahrenen Jungwölfen, auch ohne Rückendeckung ihres Rudels gut ernährt zu überleben; und deren Eltern schaffen es auch ohne Hilfe des letztjährigen Nachwuchses, wieder erfolgreich Welpen aufzuziehen.

Der zweite Grund für kleine Rudel liegt in deren noch geringer Sättigung mit Wolfsrudeln eben besiedelter Gebiete. Die Nachbarn bleiben so auf Abstand, die hohen Beutedichten lassen kaum Konkurrenz aufkommen. Den Jungwölfen droht also eine nur geringe Gefahr, beim Abwandern durch andere Wölfe getötet zu werden.

Umgekehrt müssen sie nicht zu Hause bleiben, um als „Soldaten" den Eltern zu helfen, Territorium und die jüngeren Geschwister gegen die „bösen Nachbarn" zu verteidigen. Das ändert sich allerdings zunehmend in den schon länger kolonialisierten östlichen Gebieten Deutschlands, etwa in Sachsen, wo es bereits Rudel mit acht oder mehr Wölfen gibt. Wahrscheinlich, weil diese Gebiete bei hohen Beutedichten mit Wolfsrudeln schon gesättigt sind. Das intensiviert die für Wölfe typische aggressive Verteidigung ihrer Nahrungsterritorien. Wenn man nicht aufpasst, wird man von den Nachbarn getötet. Es wird also gefährlicher für die noch unerfahren und körperlich schwachen Jungwölfe, abzuwandern. Zudem werden sie zu Hause gebraucht, um Seite an Seite mit ihren Eltern Territorium und jüngere Geschwister zu versorgen und zu verteidigen.

Unter erheblicher Konkurrenz ist für Wölfe die Rudelgröße überlebenswichtig. Tatsächlich gab es im Yellowstone-Nationalpark zur Zeit der stärksten Konkurrenzkämpfe Rudel mit mehr als 40 Wölfen, in denen sogar mehr als ein Weibchen Welpen warf und großzog. Wie auch bei Menschen üblich, rückt man zusammen und wirft die Vermehrung an, wenn der Feind von außen droht. Beobachter berichten vom Verschwinden ganzer Rudel, aufgerieben von den stärkeren Nachbarn. Oder von Belagerungen der Wurfhöhlen des Nachbarrudels und ständigen Scharmützeln, bis alle Welpen und die Erwachsenen des belagerten Rudels tot waren – wie auch ein erheblicher Teil der Angreifer. Auch im Negativen ist den Wölfen offenbar nichts Menschliches fremd. Diese teils unglaublichen Berichte zeigen nicht nur die große Flexibilität im Verhalten von Wölfen, sie suggerieren sogar, dass diese fähig sein könnten, langzeitliche Strategien zu verfolgen. Dazu passt übrigens, dass Wölfe genauer als Hunde Mengen unterscheiden können. Eine solche „Numerische Kompetenz" der Wölfe könnte ihnen erlauben, aus dem Geheul und aus Spuren des Nachbarrudels zu schließen, ob dieses mehr oder weniger Köpfe zählt als das eigene Rudel. Im Fall der numerischen Überlegenheit kann man einen Angriff zur Erweiterung des eigenen Territoriums wagen; ist man zahlenmäßig unterlegen, verhält man sich sehr vorsichtig und zieht sich aus schlecht zu verteidigenden Räumen zurück.

Bei den Wölfen geht die Flexibilität im Lebensstil sogar so weit, dass sie unterschiedliche Kulturen ausbilden. Wie auch bei den Schwertwalen der Fall, gibt es bei den nordamerikanischen Wölfen neben den ortsfesten Territorialen auch Wandernomaden. Die territorialen Wölfe leben in den nördlichen Wäldern, sie bestehen aus Individuen unterschiedlicher Fellfarbe, mit etwa einem Drittel schwarzer Tiere, und sie jagen vor allem Wapitihirsche, Elche und Bisons. Bei ihnen ziehen bloß die Jungwölfe, um in Distanz vom elterlichen Rudel einen nicht verwandten Partner für die Rudelbildung zu finden. Die Wanderwölfe dagegen folgen den Herden wilder Karibus, im Frühjahr über 2.000 Kilometer von den Wäldern in die Tundren des Nordens, im Herbst wieder zurück. Es handelt sich um hell gefärbte Tiere, über deren Verhalten wenig bekannt ist. Sie führen beinahe ein Hirtenleben, sind gegenüber den Territorialen vorsichtig und bekommen ihren Nachwuchs in traditionellen Wurfhöhlen am Weg nach Norden; unklar bleibt, ob sie bestimmte Rentierherden begleiten. Es ist davon auszugehen, dass diese beiden recht unterschiedlichen Wolfskulturen mit Ende der letzten Eiszeit entstanden und dass es seitdem nicht allzu viel Vermischung zwischen ihnen gab. Dies ist auch ein Beispiel dafür, dass kulturelle Unterschiede genetische Isolation begünstigen.

Selbstverständlich unterscheiden sich die Kulturen der Menschen noch wesentlich stärker voneinander als jene der Wölfe. Worin sich aber sowohl Wölfe als auch Menschen und übrigens auch Kolkraben artintern individuell stark unterscheiden, ist ihre Wanderlust. Manche bleiben lebenslang nahe am Geburtsort, andere migrieren über Tausende Kilometer, die Mehrheit streift ein wenig umher. Das war in der Altsteinzeit nicht anders als heute. Ob man zu Hause bleibt oder weit wegzieht, hängt von den Umwelt- und Lebensbedingungen ab, und auch ein wenig von jenen Genen, welche die Risikofreude beeinflussen. Diese Flexibilität in den Entscheidungen, sesshaft zu bleiben oder aber zu wandern, teilen Menschen auch mit ihren Hunden. Nichts tun die meisten Hunde lieber, als mit ihren Menschen zu verreisen, etwa per Camper. Das sollten Halter bedenken, bevor sie den Hund in der Pension zur Pflege abgeben, um ein entferntes Urlaubsziel anzufliegen.

Diese wenigen Einsichten in die Parallelen zwischen Menschen und der Wölfe, in deren ökologischen Bedürfnisse und soziale Organisation und in ihre Flexibilität, erklären wohl am plausibelsten, warum wir vor mehr als 35.000 Jahren zusammenkamen und zusammenblieben; aber auch, warum die Wölfe bezüglich ihres Verhaltens und der zugrunde liegenden Genetik hinreichend variabel und flexibel waren, um die enormen Veränderungen der gesellschaftlichen Verhältnisse, der Kulturen und Lebensstile der Menschen seit der Altsteinzeit mitzumachen und sich als Hunde daran anzupassen.

Aus Wölfen wurden Hunde

Seit Jahrhunderten bewegt Menschen die Frage nach dem Ursprung der Hunde. Das Rätsel wurde in groben Zügen von einem Konsortium um den Paläogenetiker Laurent Frantz von der Ludwig-Maximilians-Universität München 2016 gelöst. Damit wurde ein sich über beinahe zwei Jahrzehnte hinziehender Schulenstreit zwischen US-amerikanischen und skandinavisch-chinesischen Forschungsgruppen beendet. Die einen legten zunächst auf Basis der Untersuchung der DNS aus dem Zellkern Belege dafür vor, dass Hunde mehrmals unabhängig vom heutigen Europa bis Zentralasien entstanden. Und zwar vielleicht in ersten Ereignissen bereits vor 35.000 Jahren, zeitgleich mit dem Auftauchen der großen Mammutjägercamps. Die anderen wiederum zeigten mittels der einfacher als die DNS des Zellkerns zu untersuchenden, aber weniger Information enthaltenden Erbsubstanz der Mitochondrien (die „Kraftwerke der Zelle"), dass Hunde vor etwa 15.000 Jahren in Südostasien, in einem Gebiet südlich des Yangtse entstanden sein mussten. Das Konsortium um Laurent Frantz verglich schließlich die Gensequenzen aus den 14.000 bis 3.000 Jahre alten Überresten von 60 Hunden mit den Genen von 685 „modernen" Hunden. Es bestätigte sich, dass Hunde mehrmals, sowohl im westlichen Eurasien, etwas später aber in einem großen Domestikationsereignis auch in Ostasien, entstanden. Wie so oft in der Wissenschaft endet damit ein Schulenstreit in einer Synthese.

Die etwas später als im Westen Eurasiens in Südostasien aus dortigen Wölfen hervorgegangenen Hunde entwickelten bald die typischen Hundemerkmale, variierten in Körpergröße und Fellfarbe, waren stumpf- und langschnäuzig, hängeohrig, ringelgschwänzig. Diese „neuen Hunde" verbreiteten sich mit den Menschen relativ rasch über die Welt. Sie kamen bald auch ins westliche Eurasien, wo sie die Gene der dortigen, viel älteren Hunde nahezu vollständig verdrängten. Genetische Reste der früh in Europa und im subarktischen Bereich domestizierten Hunde finden sich heute noch als Mischung mit neueren ostasiatischen Genen in manchen nordischen Rassen, wie etwa Eurasier, Grönländer oder Husky. Diese

Die Ausbreitung der Menschen über die Erde und die Entstehung der Hunde

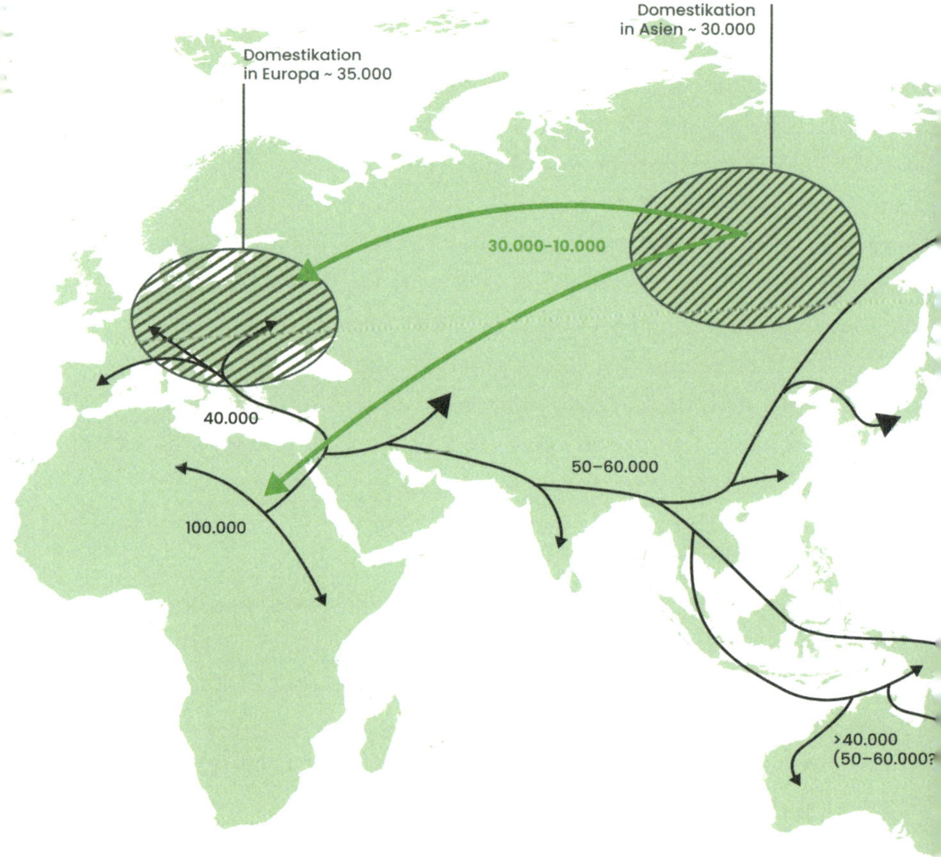

Die Ausbreitung des modernen Menschen über die Erde von Afrika aus. Die ersten Hunde entstanden in Eurasien vor etwa 35.000 Jahren aus Wölfen. Australien wurde sehr früh zunächst ohne Hunde besiedelt, die Dingos folgten vor etwa 4.000 Jahren. Vor etwa 35.000 Jahren besiedelten die Menschen schließlich von Ostsibirien aus mit ihren Hunden die amerikanischen Kontinente.

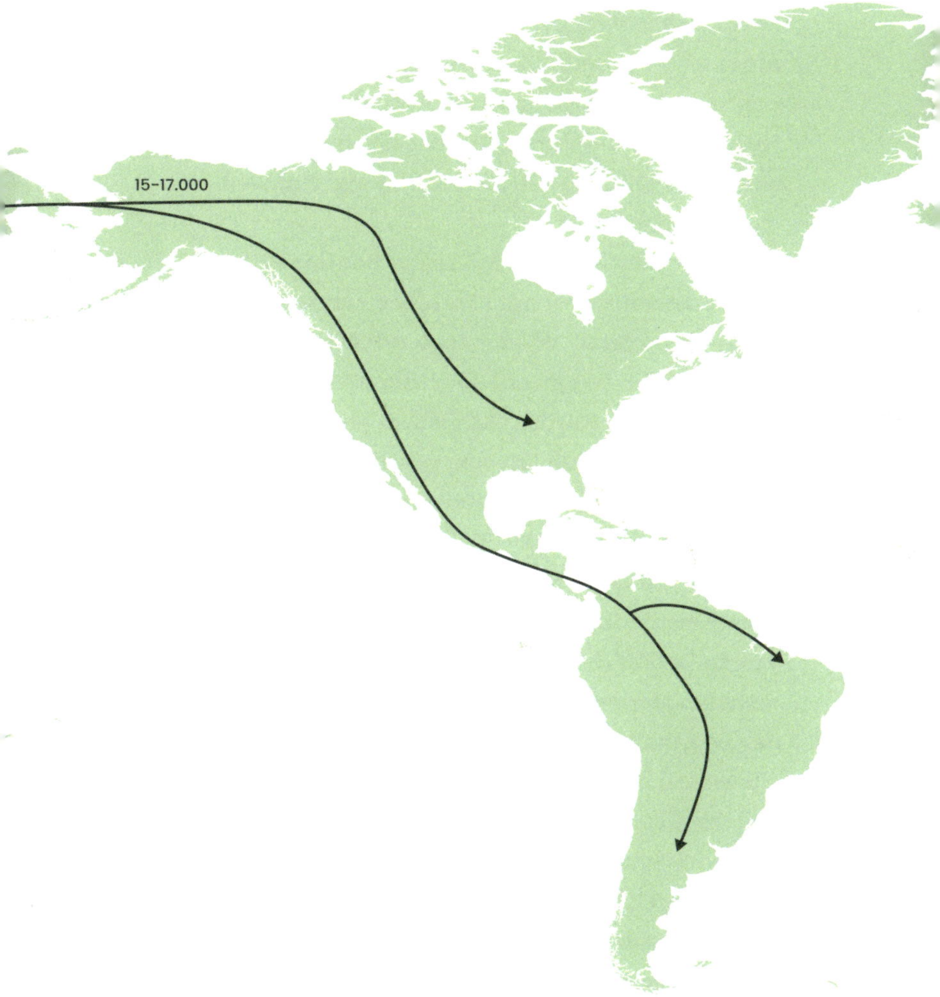

Quelle: Frantz et al. 2016, bearbeitet

Gene finden sich auch in den Resten jener nordamerikanischen Hunde, welche die Plains-Indianer und die nördlich des Polarkreises lebenden Menschen begleiteten. In den meisten der modernen Hunderassen aber finden sich ausschließlich asiatische Gene. Von diesen stammen auch die meisten Dorfhunde Asiens und Afrikas ab, einschließlich der verschiedenen asiatischen Dingos und der afrikanischen Basenjis. Daraus entstanden schließlich die Jagd- und Wachhundetypen von der Antike über das Mittelalter bis in die Neuzeit, und durch das System der gezielten Zucht nach Rassestandards seit etwa 170 Jahren fast alle Hunderassen.

Die über Jahrtausende währende kontinuierliche Anpassung der Hunde an ein Leben mit Menschen sorgte dafür, dass sie sich von ihren altvorderen Wölfen teils erheblich unterscheiden. Das ist etwa an ihren Genen ablesbar, die wesentlich diverser als die der heutigen Wölfe wurden. Aus einem einzigen Wolfstyp wurden viele verschiedene Hundetypen, von den genetisch noch relativ wolfsähnlichen spitzartigen Hunden, den Sloughis und Afghanen, den Malamuten und Huskys bis zu den hochdomestizierten Rassen, die sich von den Wölfen genetisch bereits stärker unterscheiden, wie etwa die modernen Wind-, Jagd- und Hütehunde. Wer sich für die Details dieser genetischen Differenzierung vom Wolf in die vielen modernen Hunderassen interessiert, dem sei empfohlen, in der Originalliteratur nachzulesen, besonders in den Arbeiten der US-amerikanischen Genetikerin Heidi G. Parker vom National Human Genome Research Institute.

Obwohl noch mehr als 95 Prozent der Hundegene direkt von den ursprünglichen Wölfen stammen, etablierten sich die von Generation zu Generation zufällig stattfindenden Mutationen vor allem in zwei verschiedenen Bereichen: in der Verdauung und in der Steuerung der Hirnbildung. Hunde sind besser als Wölfe, stärkehaltige Nahrung zu verdauen, ihr Darm ist im Vergleich zu Wölfen meist länger und ihr Gehirn relativ kleiner. Das könnte übrigens evolutionär zusammenhängen, weil über die Stammesgeschichte vergrößerte Gehirne meist mit einem kürzeren Darm zusammenhängen – und auch mit weniger Nachkommen. Ein großes Gehirn ist also nicht nur energetisch teuer, es kann auch indirekte „evolutionäre Kosten" verursachen. Diese Zusammenhänge wurden schon lange vermutet, sie konnten vor Kurzem auch experimentell nachgewiesen werden. Und zwar an den als Aquarienfische allseits beliebten Guppys, die experimentell an den schwedischen Universitäten Uppsala und Stockholm auf unterschiedlich große Gehirne gezüchtet wurden. Für die Hunde bedeutet dies, dass ihre Merkmale der angepassten Verdauung, der Darmlänge und des kleineren Gehirns wahrscheinlich nicht unabhängig voneinander entstanden. Jedenfalls erforderte bzw. erlaubte die Anpassung an das Leben mit Menschen auch einen längeren Darm, und der könnte zu einem im Vergleich zu Wölfen relativ kleineren Gehirn geführt haben.

Und wiederum findet man in der evolutionären Entwicklung der Hunde eine Parallele zum Menschen: Man geht heute davon aus, dass seit der Altsteinzeit die Menschen zumindest gruppenintern netter und kooperativer wurden, weil ein starker Selektionsdruck in dieser Richtung bestand. Das diskutiert man als „Selbstdomestikation" des Menschen. Zudem passte sich unsere Verdauung wie bei den Hunden an stärkehaltige und andere neue Lebensmittel an, beispielsweise an Milchprodukte in den eurasischen Kulturen der Rinderhalter. Tatsächlich entspricht die Entwicklung einiger unserer Merkmale dem Domestikationssyndrom. Dazu zählen feingliederige Körper, weniger massive Schädel, kleinere Zähne etc. Sollte diese plausible Idee der Selbstdomestikation des Menschen zutreffen, dann müssten die modernen Menschen auch kleinere Gehirne aufweisen als ihre steinzeitlichen Vorfahren. Obwohl in diesem Zeitraum die Leistungsfähigkeit menschlicher Gehirne sicherlich nicht abnahm, scheint es, als wären sie heute kleiner als vor 40.000 Jahren. Der eindeutige Nachweis dafür ist allerdings schwierig, schon allein weil die Gehirne der Menschen individuell erheblich in ihrer Größe variieren und solche Nachweise gefinkelte statistische Methoden erfordern. Wie auch immer: Hundehirne sind keine Wolfshirne mehr und die Gehirne der modernen Menschen entsprechen nicht mehr exakt denen unserer Jäger-und-Sammler-Ahnen.

Da Hunde aus Wölfen durch Anpassung an die Menschen entstanden, hängen diese Entwicklungen bei den beiden Arten wahrscheinlich irgendwie zusammen. Über das Wie wird noch diskutiert. Jedenfalls ein Grund mehr, das große Wort von der Schicksalsgemeinschaft (Wolf)-Hund-Mensch gelassen ernst zu nehmen. Die durch Domestikation veränderten Gehirne bewirken, dass Hunde und Wölfe unterschiedlich „ticken", sich also in vielen Situationen unterschiedlich verhalten. In welcher Weise, ist nicht bloß interessant, um *Hunde* und die Mechanismen der Domestikation zu verstehen. Da diese Unterschiede direkt oder indirekt in Anpassung an ein Leben mit Menschen entstanden, sagen sie natürlich auch viel über uns Menschen aus. Eigentlich sollten wir nach Jahrtausende währender Erfahrung mit Wölfen und Hunden und jahrzehntelanger Forschung bereits alles über sie und unsere Beziehungen zu ihnen wissen. Aber so ist es nicht.

In ihrer neuen Übersichtsarbeit (2021) listen meine Kolleginnen Friederike Range und Sarah Marshall Pescini vom Wolfsforschungszentrum ganze zehn (!) ernsthaft wissenschaftlich untermauerte Domestikationshypothesen auf, von denen manche ziemlich theoretischen Überlegungen entsprangen oder der Froschperspektive eines oder weniger Versuche. Überraschenderweise aber gab es bis vor Kurzem kaum umfangreiche Vergleichsbeobachtungen und -untersuchungen von Wölfen und Hunden. Die Grundlagen dafür legten sicherlich Pioniere wie Erik Zimen, Dorit Feddersen-Petersen, auch Eberhard Trumler oder John P. Scott und John L. Fuller sowie Harry Frank und Martha Gialdini Frank, um nur einige der wichtigsten zu nennen. Dennoch fehlte jenes große Bild, das nun langsam entsteht. Dazu tragen einerseits vergleichende Beobachtungen an frei lebenden Wölfen und gruppenlebenden Hunden bei. Andererseits erwiesen sich vergleichende experimentelle Untersuchungen an gleichartig aufgezogenen und gehaltenen Wölfen und Hunden als besonders aufschlussreich, wie sie seit 2008 am Wolfsforschungszentrum durchgeführt werden.

Wölfe und Hunde: so ähnlich, so unterschiedlich

Freilandbeobachtungen zeigen bedeutende Unterschiede in den Lebensweisen von Wölfen und menschenfern lebenden Hunden. Freilich ist Vorsicht bei der Interpretation angesagt. Denn es liegt im Wesen der Wölfe, menschenfern und selbstständig zu leben, während Hunde durch Domestikation, also durch eine auch genetische Anpassung an ein Leben mit Menschen, entstanden. Daher sollten romantische Gemüter nicht annehmen, ein selbstständiges Leben in Rudeln sei für Hunde „natürlich“ oder der Gipfel ihres Glücks. Dennoch sind solche Wolf-Hund-Vergleiche aufschlussreich, weil sie zeigen, wie die Wildform im Vergleich zur domestizierten Variante ihr Sozialleben organisiert, was wiederum Rückschlüsse darauf erlaubt, wie Hunde im Vergleich zu Wölfen „ticken“.

Wölfe als ausdauernde und taktisch kluge Laufjäger können sich auch ohne Hilfe des Rudels von Kleintieren und sogar Abfall ernähren. Sie ziehen es aber eindeutig vor, im Familienverband gemeinsam teils sehr große Huftiere zu jagen. Eindrucksvoll, dass ein paar Wölfe mit einem Körpergewicht von um die 50 Kilogramm einen Bison mit 500 Kilogramm oder mehr zur Strecke bringen können. In Ausnahmefällen schaffen das Wölfe sogar allein. Aber nur in zehn bis 40 Prozent ihrer Angriffe auf große Beute sind Wölfe erfolgreich – nicht aus Unfähigkeit, sondern weil sie genau Nutzen und Kosten abwägen. Elche, Wapitihirsche, Bisons oder Moschusochsen sind gefährliche Gegner, keine Schafe, die sich widerstandslos töten lassen. Wölfe brechen die Jagd ab, wenn ihnen das Risiko zu groß erscheint, außer bei sehr großem Hunger. Darauf beruht ja auch der Schutz von Schafherden durch große Hunde, wie Maremmanos oder Kuvaszs. Gingen die Wölfe auf volles Risiko, so könnten sie die Verteidigung durch die Hunde überwinden und ihre Gegner sogar töten. Die wehrhaften Hunde hängen ihnen den Brotkorb höher, denn Wölfe wollen in der Regel wegen eines Schafs keine Verletzung riskieren. Trotzdem zeigen fast alle älteren Wölfe, die nach ihrem Tod gefunden und untersucht wurden, verheilte Brüche der Bein- und Rippenknochen – ein gewisses Verletzungsrisiko kann also offenbar auch der taktisch klügste Wolf nicht ausschließen. Eine ähnliche Risikoabwägung wie bei der Jagd nach Beute treffen Wölfe auch, wenn sie gegen die Nachbarn auf den Kriegspfad ziehen. Und ganz ähnliche Kosten-Nutzen-Rechnungen waren sicherlich auch typisch für unsere altsteinzeitlichen Jäger-und-Sammler-Vorfahren. Keine Beute rechtfertigt eine gefährliche Verletzung – ein starker Treiber des Risikoverhaltens von Menschenmännern mag aber das Streben des tapferen Jägers nach Prestige gewesen sein. Ist es ja bis heute.

Frei lebende Hunde dagegen leben vorwiegend in oder am Rande menschlicher Siedlungen von Abfall. Das führte in der Wissenschaft zum zweifelhaften Mythos, dass Wölfe Jäger, Hunde aber Abfallfresser wären. Wenn Hunde die Gelegenheit bekommen, jagen sie mittelgroße Tiere erfolgreich einzeln oder auch im Rudel. Sie sind aber weniger menschenscheu als Wölfe und leben daher näher an den Menschen und bedienen sich an leicht zugänglicher und recht ungefährlicher Nahrung – zumal die Städte und ihr Umfeld meist genügend Abfälle, aber nur wenig Beute in Form von Wildtieren bieten. Dennoch: In Europa und anderswo sind streunende Hunde wahrscheinlich immer noch für den Verlust von mehr Weidetieren verantwortlich als Wölfe. Detaillierte Experimente durch Akshay Rao und Kolleginnen am Wolfsforschungszentrum zeigten zu unserer Überraschung, dass sich Wölfe und Hunde in ihren Nahrungspräferenzen nicht unterscheiden. Es ist also nicht so, dass Hunde Abfall *bevorzugen* würden, weil der ihnen besser schmeckt. Der Eindruck der überwiegend abfallfressenden Hunde entsteht auch durch eine starke Schlagseite in den wissenschaftlichen Untersuchungen: Natürlich wird auch aus Gründen der Durchführbarkeit bei Straßenhunden mehr das Abfallfressen als das Jagen untersucht, daher verfestigt sich der wissenschaftliche Mythos der so wunderbar an Abfall angepassten Hunde. An Abfall bedienen sich übrigens auch die Wölfe, wenn ihnen offene Halden die Gelegenheit dazu bieten. Natürlich sind Hunde weniger gut mit Jagdwaffen ausgestattet als die Wölfe: Sie sind weniger schnell, körperlich und mental weniger ausdauernd und haben zartere Gebisse. Aber wie heißt es so schön? Es kommt darauf an, was man daraus macht – und ob ihrer riesigen Variationsbreite darf man Hunde bezüglich ihrer Merkmale und Fähigkeiten noch weniger in einen Sack stecken als die einheitlicheren Wölfe.

Um wie Wölfe und ursprüngliche Menschen von großer, gefährlicher Beute zu leben, benötigt man eine straffe, auf Zusammenarbeit gebürstete soziale Organisation. Daher hält ein durch nicht verwandte Partner begründetes Rudel zusammen wie Pech und Schwefel. Die Partner bleiben lebenslang auch sexuell monogam. Rudelgröße wie auch die Wurfgröße der Mutterwölfin hängen von der Art und Dichte der Beute und auch von der Gefahr durch die Nachbarn ab: Je besser ihre Einbettung ins Rudel und dessen Zusammenhalt, desto mehr Nachwuchs.

Welch ein Unterschied zu frei lebenden Hunden! Ihre soziale Organisation bildet die im Vergleich zu Wölfen recht unterschiedliche Lebensweise ab. Um Abfall zu finden und Kleintiere zu erbeuten, braucht man kein Rudel, und wenn man eines bildet, dann muss es nicht besonders straff organisiert sein und auch nicht bedingungslos zusammenhalten. Daher sind Hunderudel „offener" als Wolfsrudel. Dass sich erwachsene Wölfe in fremde Rudel integrieren, kommt zwar vor, ist aber für den Neuling gefährlich. Bei den Hunden schließen sich neue Individuen bestehenden Gruppen an, meist ohne auf besonders aggressive Abwehr zu stoßen. Auch aus diesem Grund gelten Wölfe unter Forschenden als „obligat sozial", Hunde dagegen als „fakultativ sozial". Hunderudel bestehen meist aus mehreren Männchen und Weibchen, die miteinander auch ziemlich viel Sex haben, weil Hündinnen zweimal im Jahr läufig werden und die strenge Saisonalität der Wölfe in der Vermehrung aufgaben – und der viele Sex ist möglich, weil sich die Rüden der meisten Hunderassen im Gegensatz zu den Wolfsrüden den Luxus leisten, jahrüber aktive Hoden und fertiles Sperma bereitzuhalten. Durch die Menschen fällt ja ganzjährig genügend Nahrung ab, um Nachwuchs aufzuziehen.

Hunde sind also im Gegensatz zu den monogamen Wölfen promisk; läufige Weibchen paaren sich in der Regel mit mehreren Rüden, ziehen allerdings ihre Jungen ohne Hilfe des Rudels oder der Vaterrüden auf; allenfalls helfen dabei die Großmütter oder Tanten. Die Welpenmortalität kann hoch sein. Generell verursachen Menschen direkt oder indirekt bis zu 80 Prozent der Todesfälle bei frei lebenden Hunden – im Gegensatz zu Wölfen, wo die Artgenossen aus fremden Rudeln (neben Autos) am gefährlichsten sind, zumindest in Gebieten, wo Wölfe nicht mit der Flinte verfolgt werden. Frei lebende Hundeweibchen ziehen vor allem dann erfolgreich Welpen auf, wenn sie es schaffen, eine Art Versorgungsbeziehung zu bestimmten Menschen aufzubauen – sie sind eben auch „bloß“ Hunde. Die Welpen werden mit zehn bis elf Wochen entwöhnt und selbst von der Mutter nicht mehr mit fester Nahrung versorgt. Sie sind also bereits früh auf sich allein gestellt – so sie nicht das Glück haben, von netten Menschen adoptiert zu werden. Auch weil frei lebenden Hunde sehr früh im Leben selber auf Nahrungssuche gehen müssen, bietet sich Abfall eher als Nahrung an als zu erjagende Beutetiere. Mit einer solchen hundetypisch raschen Entwöhnung hängt wahrscheinlich die viel raschere Entwicklung der Hunde im Vergleich mit Wolfswelpen in den ersten Lebensmonaten zusammen. Für Hundewelpen gilt, möglichst rasch auf eigenen Beinen zu stehen, da sie nicht damit rechnen können, von ihren Verwandten versorgt zu werden.

Wolfsrudel dagegen versorgen einen einzigen Wurf von vier bis sechs Welpen etwa neun Monate lang! Erst dann lernen die Jungwölfe, allein oder gemeinsam mit den anderen zu jagen. Aber bereits vorher nehmen die immer weiter umherstreifenden Wolfswelpen, was sich bietet: Kleinsäuger, Gelege, Insekten, Eidechsen und Frösche, aber auch Kot anderer Tiere und menschlichen Abfall. Auf diese Weise lernt man auch die Welt kennen.

Diskutiert wird noch immer ein Henne-Ei-Problem: Sind diese erheblichen Unterschiede in den Lebensweisen von Wölfen und Hunden durch ihre unterschiedliche Ökologie bedingt, oder sind Hunde bereits dermaßen stark an ein solches Leben mit und nahe den Menschen „angepasst", dass sie sich ihre Nische aktiv in dieser Weise gestalten? Unterscheiden sich Hunde von Wölfen, weil sie menschennah genug Abfall finden, oder leben sie in dieser Umwelt, weil sie das aufgrund ihrer evolutionären Geschichte in der Domestikation, aufgrund ihrer Selektion auf Zahmheit, am besten können? Sicherlich trifft beides zu, zumal Hunderudel im Wald, wie sie etwa in Griechenland oder Italien vorkommen, zwar auch jagen, die meisten Hunde aber stadtnah von Abfällen oder Gaben von hundefreundlichen Menschen leben. Die gravierenden Unterschiede im sozio-sexuellen Verhalten von Wölfen und Hunden belegen zudem klar, dass Hunde nicht einfach eine Version von Wölfen sind, die bloß ihre Menschenscheu verloren hat.

Sind Hunde „degenerierte" Wölfe?

Dieses Henne-Ei-Problem ist nur eine von erstaunlich viele Fragen, welche die Entstehung der Hunde aus Wölfen immer noch aufwirft: Wurden Hunde im Laufe ihrer Anpassung an ein Leben mit Menschen tatsächlich ruhiger, netter, weniger aggressiv, zahmer und kooperativer – oder aber vielleicht die Wölfe seit der Altsteinzeit scheuer und aggressiver? Und wie äußert sich „ruhiger, netter, kooperativer" konkret im Verhalten? Inwieweit und in welcher Weise unterscheiden sich Hunde tatsächlich bezüglich ihrer mentalen Einstellungen und in ihrem sozialen Verhalten von den Wölfen und gilt das nur für ihre Orientierung gegenüber den Menschen oder auch gegenüber Artgenossen? Sind Hunde respektvoller und lenkbarer geworden? Sind sie gegenüber den Menschen, vielleicht auch gegenüber den Artgenossen geselliger, binden sie sich leichter an Partner als etwa zahme Wölfe? Und liefen die Domestikation der Wölfe zu den Hunden und die „Selbstdomestikation" der altsteinzeitlichen zu den modernen Menschen parallel zueinander – hängen diese Prozesse bei Hund und Mensch vielleicht sogar zusammen? Ist die Hundwerdung etwa gar ein Modell für die – evolutionär gesehen – „letzten Meter" der Menschwerdung?

Auch ohne wissenschaftliche Untersuchungen ist es offensichtlich, dass sich Hunde und Wölfe in vielfacher Hinsicht unterscheiden. Nicht einfach durch Beobachten feststellbar ist aber, worin diese Unterschiede bestehen und wie sie zustande kamen. Veränderte eine grundlegende Selektion auf Zahmheit die Stellschrauben für die Embryonal- und Individualentwicklung der Hunde oder aber entstanden sie durch vielfältige direkte Anpassungen an ein Leben mit Menschen? Das mag kompliziert klingen, ist es aber nicht. Darin steckt etwa die bereits diskutierte Frage, ob Hunde kleinere Zähne als Wölfe haben, weil sie sich an menschliche Nahrung bzw. Abfall anpassten oder weil sich wegen einer grundlegenden Selektion auf Zahmheit in der frühen Hundwerdung die Entwicklungsprozesse so veränderten, dass ihre Zähne deswegen kleiner wurden? In letzterem Fall wäre die Umstellung ihrer Lebensweise keine „Anpassung" im klassisch-evolutionären Sinn, sondern Nebeneffekt einer veränderten Individualentwicklung. Willkommen zurück beim Henne-Ei-Problem.

Das ist keine rein akademische Diskussion. Denn wie Hunde und andere domestizierte Tiere entstanden sind – als Nebeneffekt der Selektion auf Zahmheit oder in direkter Anpassung an den Menschen –, berührt die wertende Einschätzung der domestizierten Tiere und letztlich auch das Bild von uns „selbstdomestizierten" Menschen.

Entstehen sie/wir durch eine beeinträchtigte Entwicklungsmechanik, dann könnte man Domestikation so sehen wie Konrad Lorenz und andere wissenschaftliche Altvorderen: Als eine Art „Degeneration“ der bestens angepassten Wildform, als Folge eines Lebens in der Zivilisationsumgebung, mit der Konsequenz, dass die domestizierten Formen fett, faul, dumm, hypersexuell und sozial inkompetent werden. Konrad Lorenz dehnte diese seine Überzeugung der „Verhausschweinung“ – wie er die Domestikation drastisch zu bezeichnen pflegte – in seinem berühmten Pamphlet „Die acht Todsünden der zivilisierten Menschheit“ auch auf die modernen Menschen aus.

Wenn aber im Gegensatz dazu die Domestikationsmerkmale als direkte Anpassung an ein menschennahes Leben entstanden, dann kann man sie natürlich nicht als „Degenerationserscheinung“ abtun, zumal sie ja in einer menschengeprägten Umwelt Überleben und Fortpflanzungserfolg fördern. So kann man etwa die Hypersexualität der Hunde im Vergleich zu den Wölfen, mit zwei Läufigkeiten pro Jahr und allzeit bereiten Rüden, verächtlich als „degeneriert“ im Vergleich zur „edlen“ Wildform abtun. Dabei würde man aber übersehen, dass dies im Einklang mit dem evolutionären Prinzip der Optimierung des Fortpflanzungserfolges steht und daher natürlich als Anpassung interpretiert werden muss. Aus dem Folgenden wird hervorgehen, dass in der Hundwerdung bzw. im Laufe der Domestikation beide Prozesse zusammenwirken: Es scheint heute, dass eine veränderte Entwicklung als Effekt der Selektion auf Zahmheit und die direkten Anpassungen ineinandergreifen. Ich überlasse es daher gerne der Leserin/dem Leser, für sich selber zu entscheiden, ob sie/er Hunde nun als „degenerierte“ Version der „edlen“ Wölfe oder aber als hervorragend an ein Leben mit Menschen angepasste Wesen sehen will.

Das Domestikationssyndrom und die Silberfüchse

Bereits dem Begründer der Evolutionstheorie, Charles Darwin (1809–1882) fiel auf, dass unterschiedlichste domestizierte Tiere, egal, ob Kaninchen, Schwein, Schaf, Rind, Pferd oder Hund etc., vieles gemeinsam haben: Ein im Vergleich mit der Wildart ruhigeres Wesen, eine veränderte Pigmentierung von Haut und Fell, kleinere oder größere Körper und Ohren, kürzere Schnauzen, kleinere Zähne und Gehirne, um nur die wesentlichsten Merkmale dieses „Domestikationssyndroms" zu nennen. „Syndrom" deswegen, weil die erwähnten Merkmale gekoppelt auftreten. Bereits Darwin vermutete einen Zusammenhang mit der Selektion auf ein ruhigeres Wesen, von Genen und Vererbung wusste er aber noch so gut wie nichts. Es war dem großartigen sowjetischen Genetiker Dmitri Konstantinowitsch Beljajew (1917–1985) vorbehalten, diese Idee als Erster in spektakulärer Weise zu testen.

Für den jungen Wissenschaftler war es zunächst Pech, dass damals, in der Sowietunion des Josef Stalin, ein Scharlatan namens Trofim Lyssenko (1898–1976) die Vererbung erworbener Eigenschaften propagierte (nein, er war damit kein weitsichtiger Pionier der Epigenetik) und die Forschung gängelte. Die wissenschaftliche Genetik wurde als „westlich-dekadent" denunziert, damals verloren die russischen Genetiker ihre weltweit führende Rolle, manche im Gulag sogar ihr Leben. Dieses Schicksal blieb dem klugen Beljajew erspart, weil er den Mächtigen rechtzeitig aus den Augen ging und weit weg von Moskau im sibirischen Nowosibirsk eine riesige experimentelle Zuchtanlage für Silberfüchse aufbaute. Da für die junge Sowjetunion der Export von Tierfellen einer ihrer wichtigsten Devisenbringer war, akzeptierte man Beljajews offizielle Begründung für diese

Forschung: Ruhige Füchse zu züchten, die sich und ihr wertvolles Fell in der schrecklichen Drahtkäfighaltung (die bis heute Standard ist) nicht beschädigen. In Wahrheit wollte er aber über einen groß angelegten, sich über Jahrzehnte bis heute erstreckenden Zuchtversuch testen, ob das Darwinsche Domestikationssyndrom tatsächlich allein durch Selektion auf Zahmheit entstehen kann.

So begann man 1959 aus Hunderten Zuchtpaaren von Silberfüchsen jene zehn Prozent der Welpen jeden Jahrgangs zur Weiterzucht auszuwählen, die am wenigsten Angst vor Menschen zeigten. In der sechsten Generation (1965) zählten noch keine zwei Prozent der Fuchswelpen des Jahrganges zur sogenannten menschenfreundlichen „Elite". Das waren jene Füchslein, die von sich aus auf Menschen zugingen, mit Locklauten auf sie reagierten, mit ihnen spielen wollten – kurz, die sich wie junge Hunde verhielten. In der 42. Generation (2002) machte diese „Elite" bereits 71 Prozent der Welpen aus. Nett – aber wirklich aufregend war, dass bereits nach wenigen Generationen von Selektion auf Zahmheit Merkmale des Domestikationssyndroms auftraten: Die Füchse wurden kleiner, hatten kürzere Schnauzen, kleinere Zähne, teils Schlappohren und Ringelschwänze und ein scheckiges Fell, zeigten also viele jener Merkmale, die man zwar bei Hunden, nicht aber bei Wölfen findet. Damit wurde es sehr plausibel, dass diese gekoppelten Merkmale als Domestikationssyndrom auftreten, ohne dass jedes für sich als Zuchtziel ausgelesen worden wäre – ausgelesen wurde ja allein auf Zahmheit. Dieses Prinzip gilt übrigens nicht nur für den Hund, sondern für domestizierte Tiere generell.

So gelungen, heldenhaft gigantisch und elegant dieser Nachweis auch gewesen sein mag – er verlagerte die Frage nach der Ursache für die Domestikationsmerkmale auf die Ebene der Physiologie und der Entwicklungsmechanismen. Dazu kam ein gut begründeter Vorschlag der Evolutionsbiologen Adam Wilkins, Richard Wrangham und Tecumseh Fitch, Letzterer von der Universität Wien, wonach die Selektion auf ein ruhigeres Wesen eine entsprechende Anpassung der körpereigenen Stresssysteme bewirken sollte. Stresshormone, wie etwa das Kortisol, das auch die Expression der Gene im Zellkern beeinflusst, sind durch diese Selektion bereits in der frühen Embryonalentwicklung geringfügig verändert. Das würde die Aktivität der Gene in jenen Stammzellen der embryonalen Neuralleiste beeinflussen, aus denen fast alle Merkmale des Domestikationssyndroms entstehen: Knochen, Zähne, Haut und ihre Pigmentierung etc. Diese bestechende Idee wurde aber nicht einfach als neues Dogma akzeptiert. Wie in der guten Wissenschaft üblich, fiel die Kollegenschaft kritisch darüber her, und man begann, die Neuralleistenhypothese zu testen. Von manchen dieser neuen Ergebnisse wird die „Neuralleistenhypothese“ von Wilkins und Kollegen gestützt, von anderen dagegen nicht. Es ist also noch zu früh, in Jubel über die endgültige Erklärung für die Merkmale der Domestikation auszubrechen. Vielleicht ist die Geschichte ja auch um einiges komplizierter. Wie meinte Konrad Lorenz einst zur Leidenschaft der Wissenschaftler, Fragen ein für alle Mal klären zu wollen? „Die Regel von heute ist der Sonderfall von morgen.“

Neues vom Wolfsforschungszentrum: Experimente mit ähnlich aufgezogenen Wölfen und Hunden

Um also die Frage der Unterschiede in den Mentalitäten und im Verhalten zwischen Wölfen und Hunden und ihre Ursachen „ein für alle Mal“ zu klären, starteten wir – Friederike Range, Zsofia

Viranyi und ich – 2008 ein Großprojekt, das in seiner Ambition dem Beljajewschen Unternehmen der Silberfuchszucht durchaus nahekommt: Wir gründeten das Wolfsforschungszentrum (WSC), zunächst ohne Businessplan und mit sehr naiven Vermutungen, was auf uns zukommen würde, aber mit klaren Vorstellungen, was wir erforschen wollten. Noch im ersten Jahr zogen wir unsere ersten vier Wölfe auf, 2009 dann weitere Wölfe und die ersten Hunde. Bis heute verfügt damit das WSC als einzige Institution auf der Welt über gleichartig aufgezogene und gehaltene Wölfe und Hunde. Dieses Alleinstellungsmerkmal ist von entscheidender Bedeutung, weil nur an Tieren mit standardisierter Erfahrung Vergleiche möglich sind, die gültige Aussagen über genetisch grundgelegte Verhaltensunterschiede zwischen Wölfen und Hunden erlauben. Es war bekannt, dass Wölfe nur gut mit Menschen sozialisieren, also zahm werden und Vertrauen entwickeln, wenn man die Welpen bereits im Alter von rund zehn Tagen bekommt. Das bedeutet, dass man sie übernehmen muss, wenn Augen und Ohren noch geschlossen sind, und man sie dann in der Geschwistergruppe in ständiger Präsenz freundlicher Menschen 24 Stunden pro Tag, sieben Tage pro Woche für fünf bis sieben Monate sorgsam und aufwendig handaufzieht. Um vertrauensvolle Hunde zu bekommen, wäre das natürlich nicht nötig. Aber um vor allem das soziale Umfeld vergleichbar zu gestalten, zogen wir unsere Hunde genau wie die Wolfswelpen auf. Sobald die Kleinen mobil werden, trainiert man täglich spielerisch ein wenig Sitz, Platz etc., immer mit Belohnung, nie mit Zurechtweisung oder gar Strafe.

Aus der Erfahrung von Kollegen, die vor uns Wölfe aufzogen, wie etwa Erich Klinghammer und sein Team im „Wolfspark" in Indiana, wussten wir, dass man Wölfe nicht dominieren oder maßregeln darf, um tragfähige, vertrauensvolle Beziehungen zu entwickeln. Es ist daher gar keine gute Idee, als Mensch den „Chef im Rudel" spielen zu wollen. Das erzeugt Widerstand, schädigt die Beziehung, die Bereitschaft der Wölfe zur Zusammenarbeit und macht handaufgezogene Wölfe sogar gefährlich. So meinte der schwedische Verhaltensforscher Erik Zimen in den 1970er-Jahren, er müsse den Alpha im Rudel mimen. Die Folge war Widerstand vor allem der jungen Rüden; manche Gehege konnte er nur noch mit einer Eisenstange bewaffnet betreten. Mit unnötigem Druck kann man also sogar die von ihren sozialen Anlagen höchst kooperativen Wölfe in den Aufstand treiben. Aufgrund eines solchen missbräuchlichen Umgangs mit Wölfen kam es 2012 in Kolmården, dem größten Zoo Schwedens, zu dem oben erwähnten tragischen Vorfall, bei dem eine Pflegerin getötet wurde. Ein solches Ereignis wäre natürlich auch Albtraum und Ende des WSC. Allerdings gab es bis heute keinen kritischen Vorfall. Nicht nur, weil wir unsere Wölfe und Hunde als vertrauenswürdige Partner auf Augenhöhe behandeln, sondern auch dank klarer Sicherheitsregeln. Unter anderem betreten wir niemals allein die Wolfs- oder Hundegehege und zwingen auch die Tiere niemals zur Mitarbeit. Meist sind sie ohnehin hoch motiviert; aber wenn das einmal nicht so ist, dann ist das auch in Ordnung.

Bereits Jahre vor Beginn des WSC-Projekts verglich man ähnlich aufgezogene Wölfe und Hunde in der Arbeitsgruppe des ungarischen Verhaltensbiologen Ádám Miklósi an der Eötvös-Universität in Budapest; allerdings zog man dabei Wölfe wie Hunde auf, vergab also die Wolfswelpen einzeln an Studierende und deren Haushalte. Wenig überraschend, scheiterte man damit, weil ein solches Heranwachsen als Einzeltier in einer Kulturumgebung zwar dem Naturell der Hunde, nicht aber der Wölfe entspricht. Aufgrund der teils aggressiven Reaktionen der Welpen ihren Betreuungspersonen gegenüber mussten sie bereits im Alter von wenigen Monaten in Gehegen

Shima arbeitet mit Friederike Range zusammen. Nur wenn beide gleichzeitig ziehen, bewegt sich die Plattform zum Zaun, sodass die Partner die Leckerbissen erreichen können.

Chitto entscheidet sich im Testraum, unter welcher der Formen sich die Belohnung befindet. Mit diesem Test kann die Lern- und Umlernfähigkeit von Wölfen, Hunden und anderen Tieren getestet und verglichen werden.

Shima wählt am Touchscreen die Seite, auf welcher sich das Mehr an Punkten befindet. Eine richtige Entscheidung wird vom Gerät durch ein Leckerli belohnt.

Der Hudson-Bay-Wolf Kenai interessiert sich offenbar dafür, wonach der Finger des Autors riecht. Die Zusammenarbeit zwischen Wölfen und Menschen am Wolfsforschungszentrum beruht auf Vertrauen und guten Beziehungen zwischen den Partnern.

gehalten werden. Deswegen auch der umgekehrte Ansatz am WSC, der allerdings große Gehege und erhebliche Ressourcen erfordert, um die ausgewachsenen Tiere lebenslang gut zu halten und zu betreuen: Wir nahmen beim Aufziehen auf die Bedürfnisse der Wölfe Rücksicht und zogen die Hundewelpen gleichartig auf – was zwar mit großem Aufwand verbunden ist, aber sowohl den sozialen Bedürfnissen der Wölfe als auch den der Hunde entspricht.

Im Zuge eines Projektes von Christina Hansen Wheat an der Universität Stockholm zog man über Jahre immer wieder Wölfe und Hunde per Hand auf, um ihre Entwicklung zu vergleichen, und zwar ähnlich, wie es am WSC praktiziert wird. Aber es fehlte an den Gehegen und Ressourcen, um die Tiere über ihr Jugendalter hinaus zu halten; man vergab sie also relativ bald an Privatleute oder an Tiergärten, konnte also die wertvolle Ressource der gleichartig aufgezogenen Wölfe und Hunde nicht voll nutzen. Am WSC dagegen werden die handaufgezogenen Wolfs- und Hundepartner ihren Bedürfnissen entsprechend lebenslang gehalten. Belohnt wird dieser in jeder Beziehung sehr aufwendige Ansatz sowohl durch die Qualität als auch durch die Menge der Ergebnisse, die in einem Jahrzehnt in respektvoller Zusammenarbeit erzielt werden konnten. Und nicht zuletzt auch durch die schöne wechselseitige Zuneigung zwischen den Partnertieren und ihren Menschen. International erregen unsere Ergebnisse große Aufmerksamkeit, stellten sie doch das Bild von Wolf und Hund zwar nicht unbedingt auf den Kopf, aber doch auf ein neues Fundament.

Von Anfang an war trotz der etwas unterschiedlichen Interessen des Gründungsteams des WSC das Forschungsfeld klar. Wir wollten im Dreieck Wolf-Hund-Mensch Wissen generieren. Dabei war uns nicht nur der „faire" Vergleich von Wölfen mit Hunden wichtig. Die für Wölfe typische Kooperationsbereitschaft kann vielmehr auch als Modell für die Evolution dieser auch den Menschen charakterisierenden Eigenschaft dienen. Wenn man nach „Kooperationstieren“ sucht, die noch dazu auf Basis komplexer sozialer und kognitiver Leistungen funktionieren und weniger nach einfachen Regeln, wie etwa die sozialen Insekten, dann stößt man unweigerlich auf Mensch und Wolf. Keine anderen Tiere sind uns diesbezüglich ähnlicher als der Wolf, vielleicht nicht einmal die Hunde. Das ist weniger abgefahren, als es klingen mag.

Viele Forschenden würden für diesbezügliche Vergleiche Schimpansen vorziehen, von denen wir uns stammesgeschichtlich vor „bloß“ fünf Millionen Jahren trennten. Viel später, als die Trennung zwischen Hundeartigen und uns Primaten erfolgte, mit dem bereits erwähnten gemeinsamen Vorfahren vor mehr als 60 Millionen Jahren. Wir sind also stammesgeschichtlich und genetisch viel näher an den Schimpansen als an den Wölfen. Aber genau das ist der Punkt. Denn findet man Ähnlichkeiten zwischen Menschen und Schimpansen, dann vor allem aufgrund der stammesgeschichtlichen Nähe. Man kann auf diese Weise etwa erforschen, welche der menschlichen Eigenschaften bereits in den Schimpansen angelegt sind, aber man kann nur schlecht daraus schließen, welche Selektionsbedingungen es waren, die ein komplexes Sozialleben und ein großes Gehirn evolutionär entstehen ließen. Dazu benötigt man den Vergleich zwischen „konvergent“ entwickelten, nicht direkt miteinander verwandten Arten, wie eben Mensch und Wolf. Dass wir sozial sehr ähnlich ticken, kann also kaum auf den gemeinsamen Vorfahren zurückzuführen sein, der ein kleines, sozial und geistig eher einfach gestricktes Säugetier war. Das parallele Verhalten von Wölfen und Menschen sowie die dahinterliegenden neuronalen und hormonalen Mechanismen sollten sich daher evolutionär durch parallele Selektion gebildet haben. Die Gründe dafür findet man in der ähnlichen Ökologie und Lebensweise von ursprünglichen Menschen und Wölfen.

Der Vergleich von Hunden mit Wölfen sollte uns Auskunft darüber geben, wie sich Wild- und domestizierte Form unterscheiden – und wie nicht. Dabei kommen natürlich im Fall der Hunde unweigerlich die Menschen ins Spiel. So lernen wir durch unsere Ergebnisse nicht nur die Hunde besser kennen, sondern – sozusagen nebenbei – auch uns selber besser verstehen. Es geht um die Frage, warum seit über 30.000 Jahren Menschen in Begleitung von Hunden die Welt erobern und damit äußerst – manche meinen – *allzu* erfolgreich waren. Wir setzen in unserer Forschung vor allem auf Experimente unter kontrollierten Bedingungen, weil diese im Gegensatz zu Beobachtungen auch Aussagen über Ursache-Wirkungsbeziehungen erlauben und weil die nötigen Vereinfachungen und Standardisierungen klare Einsichten in die involvierten Mechanismen eröffnen.

Aber natürlich verbringen wir auch immer noch viel Zeit mit Beobachten, um unsere Tiere einschätzen zu können und als Rahmen für relevante Hypothesen und Experimente. Über quantitative Beobachtungsmethoden kann man Verhalten beschreiben und messen, wie es etwa der Verhaltensforscher Erik Zimen oder die Ethologin Dorit Feddersen-Petersen schon lange vor uns getan haben. Diese genaue Beschreibung der arttypischen Verhaltensmuster muss man heute nicht wiederholen – auch wenn wir uns Teilbereiche des Verhaltens immer wieder genauer ansehen und so zu neuen Interpretationen kommen. Zum Beispiel, dass unterwürfiges Grüßen zwischen Wölfen, aber auch von Hunden in Richtung ihrer Menschen nicht durch die Aggression der Ranghohen verursacht wird. Dabei handelt es sich vielmehr um Gesten der Unterordnung, die vom rangniederen Partner ausgehen. Ein anderes Beispiel wäre, dass es irreführend ist, das Geknurre und Geschnappe der Wölfe während des gemeinsamen Fressens unter „aggressives Verhalten" einzuordnen. Sicherlich werden hier aggressive Verhaltenselemente genutzt, allerdings symbolisch, im Dienste des „Verhandelns" – eskaliert wird dabei nicht.

Menschen sind in den meisten Untersuchungen am WSC im Spiel, entweder als Teil einer experimentellen Bedingung (mit/ohne Mensch) oder als Versuchsdurchführende. Dazu konfrontieren wir unsere Partnertiere mit bestimmten Situationen oder zu lösenden Aufgaben. Es wurde etwa erforscht, wie Wölfe oder Hunde neue Gegenstände untersuchen. Oder wie sie reagieren, wenn eine Aufgabe nicht lösbar ist, man etwa an das im Seil steckende Stück Fleisch durch Ziehen am Seilende nicht herankommt, weil die hinterhältigen Experimentatoren das andere Ende außerhalb des Geheges festbanden. Oder ob sich tatsächlich Wölfe wie Hunde mit Menschen in den unterschiedlichsten Situationen ähnlich kooperativ verhalten – beim Training oder auch auf Leinenspaziergängen. Und schneiden Hunde in der Kooperation mit Menschen wirklich besser ab als Wölfe? Was ja aufgrund der Domestikation zu erwarten wäre.

Natürlich besteht bei Experimenten mit anwesenden menschlichen Versuchsdurchführenden immer die Gefahr, dass sie durch unbewusste mimische oder körperliche Signale den Tieren die „richtige" Lösung verraten. Zumindest von Hunden weiß man, wie exzellent sie die Emotionen der Menschen „lesen" können, von Wölfen nehmen wir das aufgrund unserer Erfahrungen mit ihnen an, die formalen Experimente dazu fehlen noch. Um also den sogenannten „Klugen-Hans-Effekt" zu vermeiden (benannt nach einem Pferd, das angeblich rechnen konnte, aber doch nur auf feinste mimische und körpersprachliche Signale seines Halters reagierte), werden fallweise die Aufgaben mittels berührungsempfindlicher Bildschirme präsentiert. Das bereitet vor allem den Hunden deutlich Freude, aber auch Wölfe arbeiten in dem für sie charakteristischen würdevollen Tempo gerne mit dem Computer. Die Tiere nutzen dabei ihre „Spielkonsole", welche über entsprechende Programme die Fragen stellt und die Ergebnisse speichert – ohne dass die Anwesenheit eines Menschen erforderlich ist.

Wie Hunde und Wölfe die Welt sehen ...

Im Wesentlichen fanden wir in vielerlei Versuchen Puzzlesteinchen an Unterschieden zwischen Wölfen und Hunden, die sich aber zu einem recht stimmigen Gesamtbild fügen. Die vollständigste Übersicht dazu findet sich im neuen Buch meiner Kolleginnen Friederike Range und Sarah Marshall-Pescini: „*Wolves and dogs: between myth and science*" (2022). Kurz zusammengefasst: Die Kooperationsbereitschaft der Hunde und ihre nette soziale Orientierung entstanden nicht erst im Laufe der Domestikation, sondern sind altes Wolfserbe. Aber in ihrer Art, mit uns Menschen zusammenzuarbeiten, passten sich die Hunde recht deutlich an. Während etwa Wölfe mit ihresgleichen und mit „ihren" Menschen auf Augenhöhe kooperieren und dabei auch mal gerne die Führung übernehmen, kommen Hunde bereits mit deutlichen hierarchischen Vorstellungen und mit der Bereitschaft, Hochrangigen Respekt zu zollen, zur Welt. Viel bereitwilliger als Wölfe arbeiten sie gerne mit Menschen generell und anerkennen Autoritäten, egal, ob Mensch oder Artgenosse. Zudem sinkt im Vergleich zu Wölfen die Toleranz der Hunde Artgenossen gegenüber, wenn es um Nahrung oder andere Ressourcen geht, die sogar Versuchsapparaturen sein können. Hunde monopolisieren gerne und anerkennen die Ansprüche der anderen, der Menschen oder der höherrangigen Artgenossen. Diese geringe wechselseitige Toleranz der Hunde fördert natürlich nicht gerade ihre Zusammenarbeit untereinander. Aber im Gegensatz zu zahmen und auf Augenhöhe-Kooperation eingestellten Wölfen erwarten Hunde von ihren Menschen klare Führung.

Die Qualität der Ergebnisse hängt unter anderem von der Qualität unserer Beziehungen zu den Wölfen und Hunden ab. Unterdrückte, unterwürfig gemachte Hunde wären zwar willige Befehlsempfänger, nicht aber mitdenkende Kooperationspartner. Man sollte mit Hunden daher ähnlich umgehen wie mit Kindern oder Teammitgliedern im Betrieb, nämlich ausgeglichen und mittels viel positiver Leadership. Und mit Wölfen sowieso – weil es mit ihnen gar nicht anders funktioniert. Man sollte wissen, was man will, klar kommunizieren, positiv motivieren, Nähe und Distanz so regulieren, dass auch der Hund nicht überfordert wird und – wenn nötig – auch mal Grenzen setzen. Ganz ohne Gebrüll und Gewalt natürlich. Liebevolle Konsequenz lautet der Schlüsselbegriff. Einen solchen partnerschaftlichen Umgang sollte man aber nicht mit einem Laissez-faire-Stil verwechseln.

Halterinnen und Halter, die aus ideologischen Gründen die „Freiheit" ihres Hundes über alles stellen, missverstehen dessen Grundbedürfnis nach guter Führung. Und Halter, die nicht wissen, was sie wollen, ihrem Hund gegenüber unaufmerksam und wenig sensibel sind, zwingen ihn im Extremfall, das Kommando zu übernehmen und die Beziehung innerhalb dieses suboptimalen Rahmens nach Kräften selber zu gestalten – ähnlich Kindern, die als letzten Ausweg des Aufwachsens bei unzuverlässigen, unsensiblen oder sogar missbrauchenden Eltern selbst die Kontrolle übernehmen. Glücklich macht sie das nicht. „Unerzogene“ Hunde können auch für ihre Umgebung zur Gefahr werden, sie beißen häufiger als sozial gut integrierte Artgenossen. „Alles geht“ schätzen nicht einmal die Wölfe, die – wenn überhaupt – einen sehr zurückhaltenden Führungsstil bevorzugen, egal, ob mit Menschen oder Artgenossen, auch weil sie radikal auf Zusammenarbeit und Teilen gebürstet sind. Nicht der Ranghohe tritt dabei übrigens gnädig etwas ab, sondern es nimmt sich jeder selbstverständlich, was er will und braucht, ganz ohne Bitte und Danke. Ähnlich funktionieren ja auch egalitäre Gesellschaften bei Jägern und Sammlern. So kann aber natürlich nicht unsere Beziehung zum Hund funktionieren, denn mit Hunden, die sich einfach nehmen, was sie wollen, könnte man kaum zusammenleben.

Wölfe sind auch wesentlich besser als Hunde, durch Zusehen zu lernen und daraus auf Ursache-Wirkungs-Beziehungen zu schließen. So schafften es nur wenige Hunde – und die eher zufällig –, eine Kiste mit Futter durch Hebeldrücken zu öffnen, wie von einem trainierten Artgenossen vorgezeigt. Und wenn, dann schafften sie es nur einmal, sie lernten also dabei nicht, in welchem Zusammenhang die Aktion des Hebeldrückens mit dem Ergebnis stand. Ganz anders die Wölfe: Alle schafften es nach Beobachten des trainierten Hundes innerhalb weniger Sekunden, die Kiste zu öffnen, und das meist auf exakt die gleiche Weise, wie vom trainierten Hund vorgezeigt. Alle Wölfe *wussten* fürderhin, wie das Öffnen der Kiste funktioniert. Aus diesem Grund lassen sich die Türen in unserem Testgebäude auch nur mittels durch Wolfspfoten nicht zu bedienende Drehknöpfe öffnen. Denn wenn ein Wolf beobachtete, dass sich durch Drücken der Klinke die Tür öffnen lässt, dann weiß er, wie es geht. Im Gegensatz dazu können manche Hunde dies durch Versuch und Irrtum lernen, kaum aber durch Zusehen. Dazu und zu anderen Versuchen gibt es übrigens nette Comics auf der WSC-Homepage.

Selbst solche eindeutigen Ergebnisse bedeuten nicht, dass Wölfe können, was Hunde niemals schaffen würden. Die graduellen Unterschiede überwiegen bei Weitem. Da sich Hunde von Wölfen ja erst vor kaum 35.000 Jahren trennten – und das auch genetisch nie ganz –, ist auch zu erwarten, dass die Ähnlichkeiten vorherrschen. Aber weil Naturwissenschaftler darauf trainiert sind, Unterschiede zu finden, werden diese wahrscheinlich auch in der wissenschaftlichen Literatur zur Domestikation überschätzt. Heute korrigieren wir sachte das Bild. Es deutet vieles darauf hin, dass sich Hunde aus Wölfen durch oft geringfügige Verschiebungen in vielen unterschiedlichen Bereichen entwickelten. Daher kommt es kaum vor, dass Hunde etwas gar nicht schaffen, was Wölfe perfekt können – oder umgekehrt. Ein Beinahe-Beispiel dafür wäre das Bellen. Das tun Wölfe zwar auch, aber nur im eng begrenzten Zusammenhang der aggressiven Stimmung gegen die Nachbarn. Hunde dagegen bellen in vielerlei Situationen, ihr Bellen hat sich als Kommunikation in Richtung Mensch entwickelt. Es wird gewöhnlich auch von uns verstanden, was der Hund mit seinem Gebell gerade ausdrückt, ob er etwa einsam ist, aggressiv einen Knochen verteidigt oder spielen will. Und obwohl Hundegebell eine Anpassung an das Leben mit Menschen darstellt, nutzen es die Hunde natürlich auch, um miteinander zu kommunizieren.

Die Wölfe glänzen aber nicht bloß beim Lernen durch Zusehen. Sie waren auch etwas besser als Hunde im Einschätzen von Mengen – diese „Numerische Kompetenz“, wie bereits erwähnt. Wölfe erweisen sich unbekannten Situationen und Gegenständen gegenüber zwar misstrauischer als Hunde, sie erforschen aber nach Überwinden ihrer Angst das „neue Ding“ recht eingehend – was meist mit dessen Zerstörung endet. Hunde dagegen kümmern sich manchmal gar nicht um neue Objekte und wenn, dann explorieren sie recht oberflächlich. Wölfe messen offenbar Veränderungen in ihrer

Umgebung, vor allem wenn sich ihnen der Zusammenhang nicht erschließt, mehr Bedeutung zu als Hunde. Wölfe sind auch stärker in Richtung Horizont orientiert, ihre Sinne sind mehr auf Distanz eingestellt als die der Hunde. Noch ist unklar, ob das relativ kleinere Vorderhirn der Hunde als Begleiterscheinung allein als Nebeneffekt der Selektion auf Zahmheit entstand (siehe oben), oder aber, weil Hunde in Menschennähe nicht mehr so „auf Draht" sein müssen. Diese Vermutung kann man aber auch umdrehen: Ein Leben mit Menschen bringt die Hunde in mehr unwägbare Situationen als die Wölfe ihr Rudeldasein. In gewisser Beziehung sollten daher die Hunde reaktionsbereiter sein als die Wölfe. Mehr dazu unten.

Die Wölfe scheinen ihr im Vergleich zu Hunden größeres Gehirn für das ständige Überwachen der Umwelt zu nutzen – Hunde sind diesbezüglich entspannter. Man könnte erwarten, dass sich dies auch in entsprechenden Unterschieden in jenen Systemen niederschlägt, welche die Motivation für Verhalten liefern. Dazu zählen die Emotionen und – damit in engem Zusammenhang – die Stresssysteme. Als Anpassung an ihre unterschiedlichen Lebensumstände sollten Wölfe und Hunde ihre Umwelten etwas unterschiedlich interpretieren. Wie die Experimente mit den für sie neuen Gegenständen bestätigen: Wölfe mit großer Vorsicht, aber auch forschendem Interesse, Hunde dagegen eher cool-unbeeindruckt. Alles andere wäre ja auch seltsam, ist doch ein menschengeprägter Lebensraum reich an unterschiedlichen Gegenständen, von denen aber die meisten für die Hunde ohnehin nicht relevant sind; sie hätten mental viel zu tun, würden sie sich allzu sehr um das vielfältige Menschenwerk in ihrer Umgebung kümmern. Wölfe dagegen stoßen in ihren Lebensräumen selten auf unbekannte Situationen oder Gegenstände, und wenn, dann bedeutet das mit hoher Wahrscheinlichkeit Gefahr, was Aufmerksamkeit erfordert.

Es zeichnet Wölfe aus, dass sie dennoch nach Überwinden ihrer Scheu neue Gegenstände eingehend untersuchen – offenbar, um sie in ihre Weltsicht einordnen zu können. Diese Neugierde teilen sie mit Menschen, als Teil jenes erfolgreichen Systems an geistigen Leistungen, das Menschen und Wölfen erlaubt, rasch neue Lebensräume zu besiedeln. Hunde sind kaum auf ein solch extremes System der forschenden Neugierde angewiesen, sie halten sich ja ohnehin an die Menschen. Daher leiden zahme Wölfe in einer menschlichen Zivilisationsumgebung an einer „niederen Reizschwelle", kommen schlecht mit der ständigen Reizüberflutung zurecht und reagieren wie manche Hunde mit ähnlichen Anlagen mit Scheu, mit Meiden, Rückzug oder aggressivem Verhalten. Auch ein Grund, warum man privat keine zahmen Wölfe halten sollte, oder aber nur jene, die sich dafür eignen – wir nennen sie Hunde.

... und was das für Wölfe, Hunde und ihre Menschen bedeutet

Das Ergebnis der Versuche mit neuen Gegenständen zeigte, was zu erwarten war: Dass Wölfe, weniger aber Hunde, mit ständig reaktionsbereiten Stresssystemen leben müssen. Interessanterweise zeigen andere unserer Daten aber eher das Gegenteil. Im Wesentlichen verfügen Wirbeltiere, also auch die Säugetiere Wolf, Hund und Mensch, über zwei verschiedene Stresssysteme, die dann anspringen, wenn etwas aus dem Gleichgewicht gerät und letztlich gefährlich werden kann, also etwa bei Hitze, Kälte etc., sowie bei Furcht vor vermeintlichen oder tatsächlichen Gefahren und bei allgemeinen Angstzuständen. Mit diesen Mechanismen sollen günstige Lebensumstände wiederhergestellt werden, es handelt sich also eigentlich um Anti-Stresssysteme: Das „schnelle" sympathico-adrenerge System leitet über Vermittlung des Gehirns per Sympathikus-Nerven ein Signal an die Organe des Körpers. Innerhalb von Sekundenbruchteilen kommt es zu einer Alarmreaktion, es wird Adrenalin ausgeschüttet, Blutdruck und Herzschlag steigen, der Körper wird aktionsbereit. Das „langsame" Hypophysen-Nebennierensystem dagegen funktioniert vor allem über hormonelle Botschaften: Ein Botenstoff aus dem Zwischenhirn veranlasst die Hypophyse, einen weiteren Botenstoff an das Blut abzugeben, der in der Nebennierenrinde die Synthese von Kortisol bewirkt. Dieses Hormon steuert die Verwendung der Energie aus der Nahrung im Körper, sein Anstieg bewirkt eine Erhöhung des Blutzuckerspiegels. Reicht in einer ruhigen Umgebung ein geringer Blutzuckerspiegel, dann wird Energie in Form von Glykogen in der Leber gespeichert oder – dauerhafter – in Form von Fett.

Kortisol und die erwähnten Stresssysteme generell, fokussieren Körper und Geist auf die Lösung des wahrgenommenen Problems. Dafür verfügen Wirbeltiere über mental angelegte Strategien: „Fight, flight, freeze oder flirt", also Flucht, Kampf, das Verfallen in eine Art Schreckstarre oder die Entspannung einer (sozial) problematischen Situation durch Blödeln. Welche dieser Strategien zum Einsatz kommt, hängt von der Art, dem Individuum und den Umständen ab. Denn gerade bei Menschen, Hunden und Wölfen wird die situationsspezifische Flexibilität sozusagen bereits über evolutionär entstandene Anlagen mitgeliefert. Bei aktivierten Stresssystemen konzentrieren sich Denken und die Aufmerksamkeit auf das Lösen der herausfordernden Situation, alles andere tritt in den Hintergrund. Daher benötigen Lernen sowie kreatives und soziales Denken eine entspannte Atmosphäre.

Wie Arten und Individuen mental auf ihre Umwelt reagieren, ist über die damit verbundenen physiologischen Reaktionen messbar. So lässt sich die Dynamik des „schnellen“ Stresssystems gut über die Herzschlagrate und deren Variabilität ermitteln, jene des „langsamen“ über die Bestimmung der Spiegel des Stresshormons Kortisol. Beides haben wir bei Wölfen und Hunden in bestimmten Situationen getan, und zwar „nicht invasiv“, also ohne die Körperoberfläche zu verletzen. Der Herzschlag ist über Instrumente messbar, die auch menschliche Jogger verwenden. Mit einigem Geschick und hinreichend Training lassen sich die Vierbeiner geduldig einen Gurt anlegen, der ihre Herzschlaginfos an einen am Halsband fixierten Datenlogger überträgt. Kortisol kann man recht einfach aus dem Speichel messen. Man benötigt dazu bloß Tiere, die es tolerieren, wenn man ihnen mit einem Wattestäbchen in die Backen fährt. Mit ein wenig auf Belohnung beruhendem Training ist dies auch bei den misstrauischen und von ihrer Natur her ungeduldigen Wölfen nicht allzu schwierig.

Angélica da Silva Vasconcellos von der brasilianischen Universität von Minas Gerais zeigte in Kooperation mit ihrer Kollegenschaft am WSC, dass in einer 1:1-Trainingssituation mit einer vertrauten Person der Kortisolspiegel der Wölfe und der Hunde als deutliches Zeichen ihrer Entspannung abfiel. Über fünf Minuten gab eine vertraute Person in beliebiger Reihenfolge etwa 20 Kommandos, welche die Tiere bereits zuvor gut kannten: Sit, Down, Roll (am WSC sprechen wir Englisch mit unseren Partnertieren), Maulkorb rauf und runter, Brustgeschirr an- und ablegen etc. Insgesamt absolvierten ein Trainer und vier Trainerinnen mit neun Wölfen und neun Hunden je drei dieser Trainingseinheiten, macht also 270 dieser Einheiten, die auf Video aufgenommen wurden und von denen anschließend das Verhalten beider Partner – Mensch und Vierbeiner –

kodiert wurde. Von den Wölfen und Hunden wurden zusätzlich vor und nach dem Training Speichelproben genommen. Die Tiere waren offenbar gerne dabei und entspannten sich im Zuge der freundlichen, mit Leckerlis belohnten, erfolgreichen Interaktionen mit ihren Menschen; entsprechend eifrig sind sie auch in Trainingssituationen oder beim Testen bei der Sache, egal, ob Wolf oder Hund. Überrascht waren wir aber zunächst vom viel höheren Grundspiegel des Kortisols bei den Hunden im Vergleich zu den Wölfen. Weil ja Hunde durch Selektion auf Zahmheit aus Wölfen entstanden sind, sollte man bei ihnen eigentlich weniger aktive Stresssysteme erwarten als bei Wölfen. Es war aber genau umgekehrt.

Eine weitere Untersuchung zu den Herzschlagraten von Hunden und Wölfen beim Ruhen und Schlafen erbrachte ein für uns ähnlich überraschendes Ergebnis: Die Wölfe schliefen tiefenentspannter als die Hunde. Als Nächstes untersuchten wir die Auswirkungen der Anwesenheit der Rudelmitglieder bzw. vertrauter Menschen auf die Entspannung der Tiere in Ruhephasen. Wieder waren die Wölfe entspannter als die Hunde, vor allem mit Rudelmitgliedern in der Nähe. Dagegen machte es für den Grad der Entspannung der Hunde keinen Unterscheid, ob Rudelmitglieder oder vertraute Menschen anwesend waren. Unsere Ergebnisse zeigen zweierlei: Vertraute Menschen wirkten auf die Hunde beruhigender als auf die ohnehin tiefenentspannt schlafenden Wölfe. Wir interpretieren dies ebenso als Domestikationseffekt wie auch, dass – entgegen unserer Erwartung – die Hunde weniger entspannt schliefen als die Wölfe. Denn für Hunde, nicht aber für Wölfe war es in den vergangenen Jahrtausenden wichtig, „allzeit bereit“ zu sein, um auf die oft kaum vorhersagbaren Ansinnen der Menschen rasch und angemessen reagieren zu können. Wild lebende Wölfe dagegen leben zwar gefährlich, etwa in ihren gespannten Beziehungen zu den Nachbarn, aber sie können sich darauf verlassen, dass immer ein Rudelmitglied Ohren und Augen offenhält. Ihre Umwelt ist berechenbarer als jene der Hunde, daher kann man sich auch einen entspannten Schlaf gönnen. Dass sich mit Ausnahme neuen Gegenständen gegenüber die Wölfe nicht nur in ihrem Verhalten, sondern auch in ihrer Stress- und Entspannungsphysiologie cooler als Hunde zeigten, ist vielleicht auch ein Grund, warum Wölfe zumindest im Gehege meist älter werden als Hunde vergleichbarerer Größe.

Ähnliche Ergebnisse in Bezug auf die Reaktion von Wölfen und Hunden auf Menschen zeigten unsere recht aufwendigen Vergleiche zu den Zeitbudgets – also mit welchen Verhaltensweisen die Tiere ihren Tag verbringen. Man kann über quantitative Beobachtung die Zeitbudgets von Wölfen und Hunden vergleichen, etwa in An- und Abwesenheit von Menschen, um zu ergründen, was sich diesbezüglich in der Domestikation getan hat. Ein solcher Vergleich ist natürlich nur an gleichartig aufgezogenen und gehaltenen Wölfen und Hunden sinnvoll, wie sie am WSC zur Verfügung stehen. Im Verlaufe eines Jahres wurden unter Regie der französischen Doktoratsstudentin Hillary Jean-Joseph 1.567 je dreißigminütige, gleichmäßig über den Tag verteilte Beobachtungen an den Wölfen und Hunden durchgeführt. Dazu wurde pro Minute das Verhalten aller Tiere im Rudel protokolliert. Allzu viele Unterschiede zwischen den Verhaltensprofilen der Wölfe und Hunde fanden wir nicht, außer dass die Hunde geringfügig bewegungsaktiver waren – man könnte das auch unruhiger nennen. Deutliche Unterschiede gab es nur in Anwesenheit von Menschen. Wie bereits im Fall der Herzschlagraten beim Ruhen reagierten die Hunde auf Menschen stärker mit erhöhter Aktivität als die Wölfe. Nicht sehr überraschend, aber immerhin – nun müssen wir es nicht mehr vermuten, wir wissen es. Auch die geringen Unterschiede in den Zeitbudgets der Wölfe und Hunde

Kurt Kotrschal mit den vier ersten Wölfen des Forschungszentrums in ihrem ersten Winter 2008/2009 in Grünau (oben).

Im Zwiegespräch mit Chitto, der sich offenbar auf das nächste Leckerli konzentriert (unten).

Dass Wölfe auch ziemlich gut klettern können, zeigt Una.

Wölfe zeigen ein faszinierendes Sozialverhalten:

1. Die helle Wölfin Tala bemüht sich um die Gunst von Kaspar - und Aragorn mischt sich von oben ein.

2. Um die Gunst von Rudelchef Kaspar (dritter von links) buhlen sein Freund Aragorn (ganz links), seine Freundin Tala (zweite von links) und Chitto (ganz rechts) - ein wenig als „fünftes Rad am Wagen".

3. Um des lieben Friedens willen unterwirft sich die ehemalige Rudelchefin Shima (rechts) der neuen Chefin Tala, die durch ihre Körpersprache ihren Anspruch auch deutlich zeigt.

in Abwesenheit von Menschen war eine wichtige Erkenntnis, die sich mit dem Eindruck aus vielen unserer Versuche deckt, wonach sich die „Wild- und Hauswölfe“ weniger voneinander unterscheiden, als man bislang selbst in der Wissenschaft annahm.

Aufgrund der Domestikation wäre zu erwarten, dass sich Hunde ruhiger und weniger stressreaktiv als Wölfe verhalten. Unsere Befunde deuten aber in die andere Richtung – wie das? Haben wir damit die bisherige Mainstream-Theorie der Hundwerdung widerlegt? Nicht wirklich. Eigentlich unterstreichen unsere Ergebnisse, dass die Bereitschaft der Hunde zur netten Zusammenarbeit ein direktes Wolfserbe ist, welches die Hunde aber spezifisch an die menschlichen Bedürfnisse anpassten – einerseits durch ihre permanent hohe Reaktionsbereitschaft, andererseits aber auch durch die Fähigkeit der Hunde, sich in Gegenwart vertrauenswürdiger Menschen zu entspannen. Wie engagiert oder entspannt Wölfe oder Hunde reagieren, hängt von der jeweiligen Situation ab, welche von ihnen oft unterschiedlich bewertet wird. Wölfe wie Hunde erhöhen ihre Reaktionsbereitschaft in Situationen, die für sie wichtig sind. Genau darin unterscheiden sich Wölfe von Hunden. Die Aufmerksamkeit der Wölfe ist auf die Jagd und die Konfrontation mit den Nachbarn fokussiert; für die Hunde dagegen ist alles wichtig, was mit den Menschen zu tun hat – sogar für frei lebende Streuner. Damit hängt wahrscheinlich auch die geringere Bereitschaft und Fähigkeit der Hunde zusammen, mit Artgenossen zu kooperieren. Andere Hunde sind für sie „nice to have“, aber überlebenswichtig sind die Menschen. Die Fähigkeit zur Zusammenarbeit mit Artgenossen wird auch durch eine für Hunde, nicht aber Wölfe typische Bereitschaft zur Anerkennung von Autorität behindert. Diese bei Hunden stark ausgeprägte „Obrigkeitshörigkeit“ ist als einer der markantesten Unterschiede zu den Wölfen im Zusammenleben mit Menschen entstanden. Ist ja auch für die Hundehalter nicht ganz unwichtig. Wer will schon mit seinem Hund jeden Tag erneut verhandeln, wem das Frühstück auf dem Tisch gehört? Ein zahmer Wolf würde sich seinen Anteil einfach holen, ohne sich um unseren Protest zu scheren.

Zusammenarbeit braucht Toleranz und Gerechtigkeit

Was also das Zusammenleben von Menschen mit Hunden erleichtert, muss nicht unbedingt ihre Bereitschaft zur Zusammenarbeit untereinander verbessern. Denn um gemeinsam erfolgreich zu sein, sollte man einander zumindest tolerieren. Daher wurden am WSC einfache Versuche durchgeführt, um zu klären, wie es um die Toleranz von Wölfen oder Hunden um Nahrung steht. Es zeigte sich ein klares Bild: Während die meisten Wölfe eines Rudels gleichzeitig am toten Reh fraßen, fraß der höchstrangige Hund im jeweiligen Rudel so lange allein an seinem Kaninchen, bis er satt war; dann erst gingen die anderen ran. Dabei war es gar nicht nötig, dass der Alpha sein Futter aggressiv verteidigte, die anderen hielten von sich aus respektvoll Abstand. Dass hingegen die Wölfe ihre Beute gemeinsam und gleichzeitig verzehren, hat viel mit dem mangelnden Respekt der Niederrangigen vor Autoritäten sowie der Toleranz der Hochrangigen zu tun; das sind letztlich die beiden Seiten derselben mentalen Medaille. Bei Wölfen wird während des Fressens sehr viel „verhandelt", was bei den Hunden nicht der Fall ist. Mit gesträubtem Fell wird geknurrt, manchmal geschnappt, aber nie fließt dabei Blut.

An sich aggressive Verhaltensweisen stehen hier ganz offensichtlich im Dienste des Verhandelns. Dabei behaupten sich die Niederrangigen ganz einfach. Alles andere wäre ja auch seltsam für ein Wolfsrudel. Man stelle sich vor, das Rudel geht gemeinsam auf Großwildjagd – und kaum ist der Hirsch erlegt, würde der Oberwolf die Beute allein für sich beanspruchen. Das wäre wohl das Ende der gemeinsamen Jagd, wie auch der Kooperation beim Aufziehen der Welpen und beim Kampf gegen die Nachbarn. Denn eine Regel für Kooperation, die weit über die Wölfe hinaus gilt, ist, dass man verlässliche, faire Partner bevorzugt, die einen nicht betrügen. Daher verfügen alle hoch sozialen und kooperativen Tiere – einschließlich *Homo sapiens* – über ein stark ausgeprägtes Empfinden für Ungleichbehandlung; in allen diesen Arten stellt man die Kooperation ein, wenn man sich ungerecht behandelt fühlt. Obwohl keine großen Meister im Kooperieren, reagieren auch Hunde stark auf Ungleichbehandlung durch Menschen. Von Wölfen ist das natürlich erst recht anzunehmen, aber die formale Bestätigung steht aus, weil wir die guten Beziehungen zu unseren Wölfen nicht durch Tests aufs Spiel setzen wollen, in denen wir sie bewusst unfair behandeln.

Die mangelnde Toleranz der Hunde untereinander und ihre während der Domestikation entstandene Bereitschaft, Autoritäten anzuerkennen, können sie tatsächlich daran hindern, ähnlich wie Wölfe erfolgreich zu kooperieren. So erlebten Friederike Range und Mitarbeiterinnen mit ihrem „Loose string“-Versuch eine Reihe von Überraschungen. Dazu wird außerhalb des Geheges eine Plattform angebracht, um die ein loses Seil führt, dessen beide Enden im Gehege zu liegen kommen. Zieht man bloß an einem der beiden Seilenden, dann rührt sich die Plattform mit der Belohnung nicht – man fädelt dabei allenfalls das Seil aus und entzieht damit das andere Ende einen möglichen Partner. Wird aber an beiden Enden gleichzeitig gezogen, dann bewegt sich die Plattform gegen den Zaun und die beiden Partner können jeweils ihre Belohnung durch eine Ausnehmung im Zaun erreichen, etwa ein saftiges Stück Fleisch. Im Fall der Wölfe war es egal, in welcher Rangbeziehung die aus ihren Rudeln rekrutierten Partner standen, sie kooperierten fast immer erfolgreich, oft schon auf Anhieb beim ersten Versuch. Eindrucksvoll war auch, dass sich die Wölfe immer zuerst nach den Seilenden orientierten, was zeigt, dass sie die richtigen kausalen Schlüsse zum Zusammenhang von Ziehen und Zugang zur Belohnung gezogen hatten. Die Hunde dagegen orientierten ihre Schnauzen zuerst in Richtung der Belohnung, und – wenn überhaupt – erst später in Richtung der Seilenden. Zudem können Wölfe warten. Lässt man etwa einen Partner eine halbe Minute vor dem anderen ins Gehege, wartet der Erste in der Regel mit dem Ziehen, bis der Zweite sein Seilende gepackt hat.

Die Hunde waren dagegen spontan nie erfolgreich, auch nicht nach Training, das sie die Bedienung der Apparatur lehrte. Immer das gleiche Bild: Der hochrangige Hund saß am Apparat, der andere hielt ein paar Schritte Abstand. Waren die Hunde zu dumm, um erfolgreich zusammenzuarbeiten, oder war ihnen bloß ihr hierarchisches Denken im Weg? Eher Zweiteres. Denn in Versuchen mit einem menschlichen Partner wussten die Hunde plötzlich, wie es geht. Natürlich waren auch die Wölfe mit einem menschlichen Partner erfolgreich. Interessantes Detail am Rande: Während die Hunde in der Regel dem Menschen die Führung überließen, führten die Wölfe gerne selber. Soll heißen, dass die Hunde ihr Seilende meist erst fassten, nachdem der Mensch seines ergriffen hatte und dem Hund durch Augenkontakt bedeutete, mitzuarbeiten. Bei den Wölfen war das genau umgekehrt. Die Unterschiede in den Einstellungen von Wölfen und Hunden Autoritäten gegenüber zeigte sich also auch klar in den Details dieses Versuches. Verständlich, denn beim Jagen oder in Scharmützeln mit den Nachbarn funktioniert das Rudel als kooperative Einheit autonomer Individuen

– schon allein, weil die Zeit fehlt, bei jeder Aktion zu schauen, was die Hochrangigen tun, bzw. auf ihr Kommando zu warten.

Aggressive Wölfe – nette Hunde?

Eine allzu schlichte Interpretation der „Selektion-auf-Zahmheit"-Hypothese ist also nicht haltbar: Hunde wurden nicht einfach zu den netteren und kooperativeren Versionen ihrer Wolfsvorfahren, eher zu den untertänigeren – was ihre Fähigkeit zur Zusammenarbeit mit Artgenossen nicht gerade fördert. Aber wie steht es mit der Aggressionsbereitschaft? Erfahrungen und Forschungsergebnisse zeigen, dass die „Schärfe" der Hunde in unterschiedlichen Funktionszusammenhängen ebenfalls direktes Wolfserbe ist, dass sie sich aber bezüglich des Zusammenhangs, in dem sie gezeigt wird, verlagerte. Bei frei lebenden Wölfen sind innerhalb der Rudel so gut wie nie aggressive Auseinandersetzungen zu beobachten, wohl aber mit fremden Wölfen. Das gilt für die meisten Tiere mit komplexer kooperativer Organisation. Frei lebende Hunderudel zeigen nicht allzu heftige Auseinandersetzungen innerhalb ihrer Rudel, auch fremden Hunden gegenüber ist man meist vergleichsweise wenig aggressiv. Das passt ins Bild einer wenig kooperativen Gruppenorganisation als bei Wölfen. Hunde verteidigen die Zugehörigkeit zum Rudel und ihr Territorium viel weniger entschlossen. Das passt auch zu den sozialen Mustern der Kooperationsbereitschaft von Wölfen oder Hunden mit Menschen. Bei Wölfen führt eine sorgsame Frühsozialisierung zu Vertrauen und der Bereitschaft, mit jenen Menschen zu arbeiten, die sie als Welpe und Jungwolf als Teil der Gruppe kennenlernten; zu Leuten aber, die später dazustießen, wahrt man eher kritische Distanz, die bei manchen Wölfen durchaus auch in aggressive Ablehnung umschlagen kann. Bei

Hunden dagegen führt die frühe Sozialisierung zur Bereitschaft, Menschen generell zu vertrauen und mit ihnen zusammenzuarbeiten. Allerdings variiert diese vertrauensvolle Offenheit der Hunde Menschen gegenüber zwischen den Hunderassen.

Freundlich fast allen Menschen gegenüber verhalten sich etwa alte Schlittenhunderassen, wie Samojeden, aber auch moderne Jagdhunde, wie Labradors oder Golden Retriever. Das gilt aber nicht für alle Hunde. Es gibt auch Schläge, wie etwa die Spitzartigen, unter ihnen die Eurasier, welche gerne Distanz zu Fremden wahren; andere Hunderassen und Zuchtlinien fallen durch ihrer Aggressionsbereitschaft gegen Artgenossen auf, etwa manche für den Kampf gegen andere Tiere bzw. Artgenossen gezüchteten Terrier oder auch die Herdenschutzhunde. Andere Hunderassen wiederum werden darauf ausgelesen, die eigene Gruppe gegen fremde Menschen zu verteidigen, einschließlich Haus oder Auto – was einem Wolf oder auch einem Husky sicherlich nicht in den Sinn käme. Dazu zählen seit Jahrtausenden die Kriegshunde bzw. auch die modernen Wach- und Schutzhunderassen, einschließlich der modernen Generalisten, wie die Deutschen oder Belgischen Schäferhunde. Wie meinte bereits 400 vor Christus der griechische Feldherr, Söldner, Philosoph und Hundezüchter Xenophon im von ihm verfassten ersten Jagd- und Hundebuch der Geschichte, dem „Kynegeticos"? „Ein Hund muss süß und zugetan seinen Leuten gegenüber sein, aber grausam und abweisend gegenüber den Fremden." Na dann!

Wie und warum man nett zueinander ist

Weil Wölfe, Hunde oder Menschen von langzeitlich wertvollen sozialen Beziehungen abhängen, sollte man diese nicht durch unnötigen Streit ruinieren – und wenn es schon mal gekracht hat, sollte man die Beziehungsdelle wieder ausbügeln können. Man weiß durch Vergleichsuntersuchungen, dass es tatsächlich ausgeprägte Versöhnungsrituale bei vielen Tieren gibt, vor allem bei den innerartlich Konfliktbereiten. Rhesusaffen zum Beispiel streiten viel, kuscheln aber anschließend wieder ausgiebig; ähnlich ist das bei Schimpansen: Deren Männer prügeln einander auch aus nichtigem Anlass, aber bald danach lausen die Streithähne einander wieder ebenso ausgiebig wie einträchtig. Und wie ist das bei Wölfen und Hunden? Der evolutionären Theorie der Versöhnung entsprechend kann man erwarten, dass es in Wolfsrudeln selten Auseinandersetzungen gibt, aber wenn es passiert – im Gehege viel häufiger als im Freiland –, dann versöhnt man sich anschließend. Das trifft natürlich nicht auf Auseinandersetzungen mit den Nachbarn zu, denn die will man ja loswerden, zu einer Versöhnung besteht also kein Anlass. Hunde dagegen unterhalten, auch wenn sie in Rudeln leben, recht individuell Freundschaften oder strategische Allianzen; diese sind aber nicht so überlebenswichtig wertvoll und stabil wie bei den Wölfen. Daher sehen wir in Hundegruppen zwar mehr interne Auseinandersetzungen als bei Wölfen, aber nur wenig anschließende Versöhnungen. Wenn es zu arg wird, verlässt man eher die Gruppe.

Menschen gegenüber zeigen Hunde nach Fehlverhalten – vor allem wenn wir darauf ungnädig reagieren – eine Art Versöhnungsverhalten aus Winseln und Wuseln. Manche Halterinnen und Halter sind davon überzeugt, ihre Hunde hätten dann ein schlechtes Gewissen. Danach wurde zwar wiederholt geforscht, die möglicherweise vorhandenen Gewissensbisse der Hunde bei Regelverstößen konnten aber noch nicht nachgewiesen werden. Das bedeutet natürlich nicht, dass Hunde unfähig wären zu erkennen, dass sie eine Regel im Umgang mit ihren Menschen verletzten – samt jenem Gefühl der Betroffenheit, das wir schlechtes Gewissen nennen. Weil das aber ein wichtiges soziales Korrektiv darstellt, würde es mich wundern, wenn Hunde diese Fähigkeit nicht hätten, aber das experimentell nachzuweisen, ist wieder eine andere Geschichte. Umgekehrt lieben es die meisten Leute, ihre Hunde auch mal ganz ohne Anlass zu streicheln, damit Zuneigung zu zeigen und die Beziehung zu pflegen. Und regelmäßig folgt – ähnlich wie im Schimpansenbeispiel oben – vonseiten der Menschen auf eine Maßregelung eine Versöhnungsgeste, wonach sich der Hund wieder entspannt. Zumindest bei sozial kompetenten Menschen, denen die seltsame Idee fern liegt, ihre Kinder oder Hunde nach Fehlverhalten mit langem Ignorieren und Liebesentzug zu bestrafen.

Wölfe und Hunde unterscheiden sich auch in ihrer Art, Menschen gegenüber freundlich zu sein. Für die Wölfe am WSC sind „ihre" Menschen interessante Kooperationspartner. Da wir immer positiv mit ihnen umgehen, gibt es auch keinen Anlass für sie, uns in ihre Rangspielchen mit einzubeziehen oder sich gar bei uns anzubiedern. Man ist freundlich-distanziert, begrüßt höflich, aber flippt dabei nicht aus. Die Rudelgenossen sind offenbar doch wichtiger als selbst die nettesten Menschen. Hunde dagegen freuen sich durchaus, wenn ein Rudelmitglied zurückkehrt, etwa nach einem Spaziergang. Bei Menschenbesuch aber geraten sie aus dem Häuschen, was man bei Wölfen höchstens nach längerer Abwesenheit eines ihrer menschlichen Bindungspartner erlebt. Natürlich unterscheiden auch Hunde deutlich zwischen vertrauten und fremden Menschen, aber in der Regel gilt: „Hauptsache Mensch." Dies widerspiegelt unsere besondere Wichtigkeit für sie, die ihnen offenbar bereits in Fleisch und Blut, also in die Gene, überging. Zumindest gilt dies für hoch domestizierte Hunde. Viele der genetisch noch wolfsähnlichen Hundetypen, wie Malamute, Spitze oder Eurasier, zeigen sich bei Begrüßungen eher cool und gegenüber ihnen unbekannten Menschen distanziert. Die WSC-Wölfe müssen sich auch nicht mit uns versöhnen (oder umgekehrt), da wir uns wechselseitig auf keine Konflikte einlassen. Aber gelegentlich stabilisiert ein wenig Schmusen die zwischenartliche Zuneigung und Bindung, von der gezeigt wurde, dass sie zwischen Wölfen und ihren menschlichen Partnern genauso existiert wie zwischen den Hunden und ihren Menschen. Manche erwachsene Wölfe würden sogar gerne in Körperkontakt mit ihren Menschen schlafen, wie ich aus eigener Erfahrung aus der Frühzeit des WSC weiß. Aber aus zwar formalen, aber wichtigen Gründen der Sicherheit übernachten wir nicht in den Gehegen mit unseren Wölfen. Mit den Hunden natürlich auch nicht.

Prinzipiell ist das Bindungssystem der Wölfe auf Rudelgenossen getrimmt, das der Hunde auf Menschen. Darauf weist auch der große Unterschied im nötigen Aufwand hin, um Wolfs- bzw. Hundewelpen mit Menschen zu sozialisieren: Für Hundewelpen reicht es, ab einem Alter von drei bis vier Wochen gelegentlich für ein paar Minuten an der Wurfbox vorbeizuschauen, sie zu streicheln und freundlich mit ihnen zu sprechen. Aber natürlich kann und soll man mehr tun. So etwa erhöht ein paar Minuten tägliches Hantieren ab der ersten Lebenswoche die Widerstandskraft gegen Stress bei den erwachsenen Hunden. Um aber Wolfswelpen zu vertrauensvollen Gefährten heranzuziehen, muss man – wie bereits weiter oben beschrieben – die Handaufzucht mit Welpen um Tag zehn beginnen, jedenfalls bevor sie Ohren und Augen öffnen. Und anschließend braucht es ein paar Monate sozial intensiver Handaufzucht durch Menschen. Es reicht nicht, die Welpen menschennahe von einer zahmen Wölfin betreuen zu lassen; das wurde von Kolleginnen und Kollegen vor uns versucht, ergibt aber menschenscheu-misstrauischen Nachwuchs. Während Hundewelpen schon ab etwa dem zweiten Lebensmonat von sich aus und bereitwillig Blickkontakt mit Menschen aufnehmen, tun Wölfe dies in nennenswertem Ausmaß erst ab etwa acht Monaten – aber lebenslang nie so intensiv wie Hunde. Dieser Unterschied verunsichert ein wenig. Bedeutet dies, dass Wölfe nur wenig an uns interessiert sind, oder dass Hunde mit ihren Bedürfnis nach Blickkontakt „übertreiben"?

Freundlicher Blickkontakt ist bei Wölfen und Hunden ein ebenso wichtiges Kommunikationsmittel wie bei Menschen. So signalisiert man Aufmerksamkeit, deutet an, was man vorhat und koordiniert gemeinsame Aktivitäten. Der geringere Blickkontakt der Wölfe bedeutet aber nicht, dass sie „schlechter" mit uns kommunizieren würden als die Hunde: Vielmehr nehmen Wölfe dann Blickkontakt auf, wenn es darauf ankommt, Hunde dagegen tun dies in überschießendem Ausmaß, etwa nach dem Motto: „Man weiß ja nie, ob der Mensch nicht etwas von einem wollen könnte – und vielleicht kommt er ja auf diese Idee, wenn ich ihn nur intensiv genug anschaue". Dazu passt auch, dass jener Gesichtsmuskel, der durch Heben der Augenbraue den unwiderstehlich treuherzigen „Dackelblick" erzeugt, bei den Hunden viel stärker entwickelt ist als bei den Wölfen. Aufgrund dieses starken Fokus der Hunde auf Menschen schlugen manche Forschenden vor, die Hunde hätten sogar ihre soziale Physiologie verändert und wären „hypersozial" geworden. Überzeugend belegbar ist diese Idee bislang noch nicht. Zu diesem Eindruck der „Hypersozialität" trugen auch Ergebnisse unserer ungarischen Kollegenschaft bei, wonach zwar die Hunde die Zeigegesten der Menschen deuten können, die Wölfe aber nicht. Sie interpretierten das als Ergebnis der Domestikation, welche die Fähigkeit, Menschen genau zu lesen, bei Hunden bereits genetisch fixiert hätte. Die Versuche bestanden im Wesentlichen darin, dass eine Versuchsperson – und als Kontrolle ein trainierter Hund – auf jenes von zwei Behältnissen blickte oder deutete, welches Futter enthielt. Das Ergebnis war, dass nur Hunde den Hinweis nutzen konnten, nicht aber die Wölfe.

Dieser Versuch wurde am WSC vor allem deswegen wiederholt, weil Zweifel daran bestanden, dass die von den ungarischen Kollegen eingesetzten Wölfe und Hunde tatsächlich vergleichbar waren. Zunächst wurden am WSC bis zu sechs Monate alte Wolfs- und Hundewelpen getestet. Es zeigte sich, dass die jungen Wölfe im Gegensatz zu den Hunden zwar den Blicken von Mensch oder Hund folgten, nicht aber den Zeigegesten der versuchsdurchführenden Person. Wölfe können übrigens zeitlebens viel besser und bereitwilliger als Hunde den Blicken ihrer Menschenpartner folgen. Wahrscheinlich hängt dieser Fokus der Wölfe auf die Blickrichtung der Rudelgefährten mit der Notwendigkeit zusammen, als Gruppe zu funktionieren und sich beim Jagen oder Kämpfen genau abzustimmen. Da sich Hundewelpen im Alter von wenigen Monaten rascher als Wolfswelpen entwickeln, bestand der Verdacht, dass die Wölfe in Budapest wie auch zunächst am WSC einfach noch zu jung waren, um ihre Fähigkeiten zu offenbaren. Der Versuch wurde also mit älteren Wölfen wiederholt und siehe da: Ab einem Alter von neun Monaten waren sie beinahe so gut wie Hunde im Deuten und Nutzen menschlicher Zeigegesten. Es war also eine Frage der Reife, nicht aber, wie zuvor beinahe schon als gesichert angenommen, ein grundlegender domestikationsbedingter Unterschied zwischen Wölfen und Hunden.

Damit bereiteten meine Kolleginnen dem Mythos ein Begräbnis erster Klasse, Hunde würden im Gegensatz zu Wölfen sozusagen bereits mit der Fähigkeit geboren, die Gesten der Menschen zu verstehen. Unklar bleibt allerdings, warum sich Hunde meist etwas genauer nach den Zeigegesten der Menschen richten als Wölfe. Vermutet wird, dass Hunde die Geste nicht bloß als Hinweis, sondern eher als Anweisung beziehungsweise Befehl verstehen, dem sie beflissen nachkommen wollen. Im Gegensatz dazu liegt es nicht in der Natur der Wölfe, unsere Anweisungen gehorsam und widerspruchslos zu befolgen. Zudem – und das gilt für alle Versuche – arbeiten wir nie mit wirklich hungrigen Wölfen und Hunden, natürlich auch nicht mit übermäßig satten Tieren. Denn beide Zustände beeinträchtigen die Konzentrationsfähigkeit bzw. den Arbeitseifer. Auch wenn unsere Tierpartner nicht sonderlich hungrig sind, arbeiten sie dennoch eifrig mit, wohl auch, weil man einen Leckerbissen als Belohnung immer gerne nimmt – und wahrscheinlich aus purer Freude am Tun, auch aus Freude an der Zusammenarbeit mit ihren Menschen.

Hunde können denken, tricksen und sich beherrschen

Im Vergleich zu Wölfen sind Hunde Schussel und Hektiker, in Experimenten oder auch beim Begrüßen netter Menschen; man könnte den Eindruck gewinnen, dass sie meist zuerst handeln und erst später denken. Manche der experimentellen Ergebnisse am WSC fallen tatsächlich nicht sehr schmeichelhaft für die Klugheit der Hunde aus. Sind sie also doch die dümmere Version der Wölfe – zivilisiert, degeneriert, verblödet? Dieser Eindruck wäre ziemlich falsch, handelt es sich doch bei den festgestellten Unterschieden in den geistigen Leistungen von Wölfen und Hund eher um Verschiebungen zwischen unterschiedlichen kognitiven Sparten. Besonders die soziale Intelligenz von Hunden ist beachtlich, auch weil sie darin stärker auf uns Menschen fokussiert sind als etwa zahme Wölfe. Wie bereits erwähnt, werden Hunde etwa unrund, wenn sie bemerken, dass ein Artgenosse für denselben Trick belohnt wird, den sie selber gratis abliefern sollen. Hunde entwickeln aber nicht bloß ein starkes Gefühl dafür, fair behandelt zu werden, sie können sogar in erstaunlichem Ausmaß tricksen.

Das zeigte im Rahmen ihres Dissertationsprojekts Marianne Heberlein an der Universität Zürich – sie ist heute Cheftrainerin am WSC. Dazu befanden sich in einem Raum ein paar verschlossene Kisten, welche Hunde ohne menschliche Hilfe nicht öffnen konnten. Zuvor durften die Hunde zwei Menschen kennenlernen, von denen einer die für die Vierbeiner unerreichbare Wurst an sie weitergab, während sie ein anderer selber aß. Sie hatten es also mit einem nett-kooperativen und einem egoistischen Menschen zu tun. Im Versuch sahen dann diese Hunde zu, wie in einer dieser Kisten etwas versteckt wurde, was sie gern gehabt hätten, Spielzeug oder Leckerli. Daraufhin betrat einer der beiden Menschen den Raum, die sie bereits kannten; diesen Partner konnten die Hunde dann zu jener Kiste führen, von der nur sie wussten, dass sie das begehrte Teil enthielt. Tatsächlich leiteten die Hunde den netten Menschen vorwiegend zu einer gefüllten Kiste, den egoistischen aber zu einem leeren Behälter.

In der Wissenschaft glaubte man noch vor ein paar Jahrzehnten, dass Hunde und andere Tiere bloße Reiz-Reaktions-Maschinen wären. Hundehalter wussten das natürlich immer besser. Wissenschaftler sind natürlich nicht dumm, aber der Fokus des Interesses der Verhaltensbiologen lag bis zur Mitte des 20. Jahrhunderts auf den instinktiven Mechanismen. Zudem verwechseln Forschende nicht selten ihre methodischen Einschränkungen mit der Wirklichkeit. Natürlich muss es in wissenschaftlichen Diskursen um Fakten gehen. Das bedeutet aber nicht, dass nur existiert, was nachweisbar ist; umgekehrt bedeutet dies aber schon gar nicht, dass, was nicht nachweisbar ist, deshalb auch existieren muss, wie dies manch esoterisch angehauchte Zeitgenossen offenbar gerne annehmen. Heute ist aufgrund der Datenlage klar, dass Hunde mit ähnlich komplexen Mechanismen ihre Welt wahrnehmen wie wir selbst. Sie denken und fällen ihre Entscheidungen mittels ähnlicher Mechanismen wie wir. In dieser Richtung wurde bereits Beeindruckendes nachgewiesen. Aufgrund der konservativen wissenschaftlichen Methode ist aber anzunehmen, dass dies bloß die Spitze des Eisberges ist – weil eben komplexe mentale Fähigkeiten und Eigenschaften schwierig nachzuweisen sind. Etwa, ob Hunde ein schlechtes Gewissen entwickeln können.

Zu den komplexen sozialen Fähigkeiten der Hunde gehört auch, dass sie die Gestimmtheit ihrer Artgenossen, aber auch der Menschen an deren Mimik und Körpersprache ablesen können und daraus ihre Schlüsse ziehen. So etwa wurde gezeigt, dass Hunde jene unbekannten Leute bevorzugen, die sie dabei beobachten konnten, wie sie sich freundlich verhielten – nein, nicht gegen andere Hunde, sondern gegen andere Leute (!). Die Hunde beobachteten zunächst ein paar Personen, von denen nur einige hilfsbereit waren, indem sie etwa heruntergefallene Gegenstände aufhoben oder Türen für andere öffneten. Im Versuch nahmen die Hunde dann Leckerlis lieber von jenen Fremden, die sie zuvor als hilfsbereit gegenüber anderen Menschen wahrnahmen. So viel zur bedingungslosen Liebe durch Hunde! Sie beobachten uns genau und ziehen daraus ihre Schlüsse. Ein guter Grund, sich besonders dann nett und zuvorkommend anderen Leuten gegenüber zu verhalten, wenn ein Hund anwesend ist.

Hunde reagieren also nicht bloß impulsiv auf ihre Reizumgebung, sondern verfügen über ein gutes Gedächtnis und können sich gelegentlich auch recht gut beherrschen, wenn ihre Beziehung zu den

Menschen dies erfordert. So etwa zeigte József Topál von der Budapester Eötvös-Universität durch „Do as I do"-Experimente, dass Hunde genau wie Menschen sogenannte „mentale Repräsentationen" bilden – also dass sie ihnen wichtige Situationen emotional bewertet im Gedächtnis behalten. Sie bauen diese Repräsentationen in ihr Denken ein und verwenden sie als Basis für ihre Entscheidungen. „Do as I do" bedeutet, dass man Hunden beibringen kann, auf ein bestimmtes Kommando hin jene Aktion nachzumachen, die sie eben von einem Menschen vorgezeigt bekamen. József Topál sprang dazu etwa über eine Hürde und gab dem Hund dann das Kommando, dies nachzumachen. Tatsächlich übersprang der Hund die Hürde. Das funktioniert mit allem, was Hunde körperlich nachmachen können, wie am Boden rollen, Gegenstände mit der Pfote berühren etc. Daraus ergeben sich auch schöne Möglichkeiten für das Hundetraining. Anstatt ausschließlich auf das an sich ja nicht besonders intelligente operante Konditionieren beim Hundetraining zu setzen – das natürlich immer von zentraler Bedeutung bleiben wird –, kann man Hunden einfach vorzeigen, was sie tun sollen, dies mit einem verbalen Kommando verbinden und sie imitieren das dann auch. „Do as I do" funktioniert auch dann, wenn das Nachmachkommando erst einige Zeit nach dem Vorzeigen gegeben wird. Hunde imitieren also nicht einfach blöde, sie denken mit. Das zeigte sich auch, als József Topál ein paar Meter neben besagter Hürde ein nicht vorhandenes Hindernis übersprang. Auf sein Kommando hin blickte der Hund kurz zwischen dem Ort von Topáls Sprung und einer daneben am Rasen stehenden Hürde hin und her – und übersprang dann die Hürde. Kadavergehorsam war gestern, auch Hunde denken gerne mit.

Diese einfachen Versuche lassen darauf schließen, dass im Gehirn des Hundes ein mentales Bild der gesehenen Aktion abgespeichert wird, das wieder abgerufen und bewertet werden kann, wenn es darauf ankommt – einschließlich der Beurteilung und des Bewusstseins um die Sinnhaftigkeit einer Aktion. Natürlich muss man davon ausgehen, dass auch Wölfe über diese komplexen Mechanismen des mehr oder weniger bewussten Denkens und des Treffens von Entscheidungen verfügen. Wenn dies Hunde können, dann Wölfe mit ihrem größeren Gehirn erst recht! Formal getestet wurde das aber noch nicht, was auch schwierig wäre, weil Wölfe nicht so erpicht darauf sind, Menschen zu imitieren. Wahrscheinlich handelt es sich bei diesem Mechanismus des Denkens sogar um eine „Universalie“, die man bei den meisten Säugetieren und sogar Vögeln findet. Wie bereits mehrmals angeklungen, unterscheiden sich Hunde von Wölfen weniger in ihrer geistigen Leistungsfähigkeit als vielmehr in der Art, wie sie die Welt sehen. Und das übersetzt sich wiederum in unterschiedliche Handlungsbereitschaften. Ein klares Beispiel dafür ist die Persistenz der Wölfe, also ihre große Ausdauer im Lösen von Problemen.

Schon länger ist bekannt, dass Hunde, die mit einem unlösbaren Problem konfrontiert sind, sehr bald aufgeben und den Menschen neben sich anschauen. Das wurde, wenig überraschend, zunächst als „um Hilfe bitten“ interpretiert. Etwa wenn das Ende eines aus dem Gehege reichenden Seils mit eingeknotetem Fleisch so außerhalb des Geheges fixiert wird, sodass es der Vierbeiner nie und nimmer zu sich ziehen kann. Wölfe werken dann minutenlang hingebungsvoll, ohne zum Menschen zu blicken. Das wurde von den Kollegen in Budapest zunächst als Anpassung der Hunde an den Menschen während der Domestikation gedeutet: Hunde bitten ihre Menschen um Hilfe, Wölfe eben nicht. Eine Wiederholung des Versuchs am WSC offenbarte den Irrtum in dieser Deutung. Denn irgendwann geben auch Wölfe auf und schauen den Menschen neben sich genauso an, wie die Hunde es schon viel früher tun. Dies bedeutet, dass der einzige Unterschied in der viel größeren Ausdauer der Wölfe liegt, also in ihrer Motivation, ein Vorhaben auch eigenständig zu Ende zu führen. Es bleibt sogar unklar, ob Hunde und Wölfe tatsächlich den Menschen durch Anschauen um Hilfe bitten wollen. Weitere Versuche zeigten, dass Hunde in einer solchen Situation das für sie attraktivste Objekt in ihrer Umgebung anschauen; wenn ein Mensch zugegen ist, dann eben den. Warum sie das tun und was sie sich möglicherweise dabei denken, wissen wir (noch?) nicht.

Die soziale Begabung der Hunde bedeutet, dass es ungerecht wäre, sie einfach als die „dümmeren Wölfe" abzutun. Manches können sie tatsächlich besser als Wölfe, beispielsweise sich länger und zuverlässiger auf durch Menschen gestellten Aufgaben zu konzentrieren. Auch das hat wahrscheinlich mehr mit Unterschieden in der Motivation von Wölfen und Hunden zu tun als mit echten Intelligenzunterschieden. Den Hunden bedeuten wir Menschen offenbar mehr als selbst bestens menschensozialisierten Wölfen. Hunde sind daher konzentrierter und sensibler, wenn es um unsere Anliegen geht, sicherlich auch weil sie für Hierarchien empfänglicher sind als Wölfe. Kaum Unterschiede finden sich in der Trainierbarkeit und in der eifrigen Mitarbeit während des Trainings (etwa „Sitz", „Platz" etc.), außer, dass Wölfe in dieser Zusammenarbeit mit ihren Menschenpartnern nicht in ähnlich manische Zustände verfallen wie die meisten der überaus beflissenen Hunde.

Bei komplexeren Aufgaben, die auch Erforschen und Mitdenken erfordern, waren die Wölfe sogar teils rascher trainierbar als die Hunde. Etwa, wenn es galt, sie dazu zu bringen, frei auf einem Laufband zu traben. Dabei zeigte sich die größere Entschlossenheit der Wölfe. Rasch war ihnen klar geworden, dass es darauf ankam, bis zum Ertönen eines Signals auf dem Band zu laufen, um dann eine Belohnung zu erhalten; und hatten sie es akzeptiert, dass das Laufband nicht gefährlich ist, dann fanden sie auch nichts dabei, darauf zu traben – ratternd lärmendes Band hin oder her. Obwohl die Hunde etwa gleich rasch wie die Wölfe kapierten, worum es ging, brauchten manche von ihnen ewig und die ständige Rückversicherung durch einen nahen Menschen, um stabil auf dem Band zu laufen. Sie schienen auch während dieses Laufbandtrainings eher als die Wölfe seltsame Ängste aufzubauen, die sie nur schwer wieder loswurden. Wölfe wie Hunde fürchten sich gelegentlich vor Gegenständen und Situationen, weil sie am Vortag – oft aus unerfindlichen Gründen – begannen, sich davor zu fürchten. Sie entwickeln recht bereitwillig Routinen – typische Gewohnheitstiere eben!

Recht einfach ist es, Wölfen wie Hunden – sogar auf Distanz – die Anweisung zu geben, sich niederzulegen (down!). Aber sobald man als Trainer den Blickkontakt abbricht, ist der Wolf weg. Viele Hunde dagegen bleiben so lange liegen, bis man sie wieder durch Abrufen erlöst. Das zeigt eine wesentlich geringere „Inhibitionsfähigkeit" von Wölfen im Vergleich zu Hunden, die offenbar ihre internen Impulse in der Zusammenarbeit mit Menschen besser als Wölfe beherrschen können und daher liegenbleiben. Wahrscheinlich liegt eine Hauptursache dieses Unterschiedes in der geringeren Motivation der Wölfe, ewig liegenzubleiben, nur weil es ein Mensch will, der sie nicht einmal mehr im Auge behält. Auch in diesem Punkt zeigt sich, dass Wölfe von den mit ihnen sozialisierten Menschen nicht so abhängig sind wie die Hunde.

Diese Beherrschungs- und Konzentrationsfähigkeit der Hunde wurde bereits wiederholt getestet. Ähnlich wie beim berühmten „Marshmallow-Versuch" an Kindern wurde zunächst Wölfen und Hunden beigebracht, dass sie einen Brocken Fleisch bekommen, wenn sie warten können und das Stück Trockenfutter vor ihrer Nase nicht anrühren. Während Hunde minutenlang warten können, schaffen das Wölfe gerade mal ein paar Sekunden. Sie durchschauen zwar, dass Warten besseres Futter bedeutet, sind aber viel ungeduldiger als Hunde; und es wird ihnen beim Warten bald langweilig. Irgendwie sind Wölfe in von Menschen gestellte Aufgaben die vife Zappelphilipp-Version der Hunde. Ganz anders, wenn es um soziale Kontakte mit Menschen geht, wie auch oben geschildert. Vergleicht man etwa die coolen Begrüßungen, die man von Wölfen bekommt, mit der wuselnden Hektik der Hunde, so sind die *Hunde in dieser Situation* die Zappelphilippe. Das unterstreicht, dass es eben nicht so einfach ist, zu meinen, Hunde im Vergleich zu Wölfen seien so oder so ... Es kommt vielmehr sehr stark auf die Situationen und Zusammenhänge an, in welchen die Unterschiede zwischen Wölfen und Hunden offensichtlich werden – oder eben nicht.

Vom Wolf zum Hund und von unseren Vorfahren zum modernen Menschen – eine vergleichbare Entwicklung?

Kolleginnen und Kollegen von der Eötvös-Universität in Budapest waren derart beeindruckt von der sozialen Intelligenz der Hunde, dass sie die Hundwerdung als gutes Modell für die Menschwerdung vorschlugen. Denn auch Menschen stehen im Ruf, heute netter und kooperativer zu sein als ihre altsteinzeitlichen Vorfahren – auch wenn man das aufgrund der ständigen negativen Meldungen in den Medien nicht für möglich hält. Ádám Miklósi und seine Kolleginnen spinnen damit die wissenschaftliche Hypothese weiter, wonach Menschen aus Menschenaffen vor allem durch Veränderungen in ihren Temperamenten entstanden, im Kern durch eine Verringerung der aggressiven Antriebe durch Selektion auf Zahmheit (siehe oben). Unsere ungarischen Kolleginnen – ähnlich wie wir am WSC – widersprechen dem nicht, aber beide Gruppen betonen, dass Menschen und Hunde in den vergangenen Jahrtausenden nicht bloß einfach „netter" wurden, sondern dass sich in einer komplex vernetzten Art schrittweise recht viele ihrer Motivationen und Verhaltensmerkmale veränderten. Die Arbeitsgruppe in Ungarn schlug daher einen „Human Behavior Complex" (HBC) vor, in welchem sich die modernen Menschen von ihren menschenähnlichen Vorfahren unterscheiden. Der würde vor allem jene mentalen und Verhaltenseigenschaften betreffen, die es erlauben, in differenzierter Weise miteinander zu kooperieren. Weil die Elemente dieses Komplexes bei Menschen experimentell schwierig zu untersuchen sind, schlagen sie vor, als Modellsystem den „Dog Behavior Complex" (DBC) als Modell für die Menschwerdung zu untersuchen – weil man ja von einer weitgehend parallelen, domestikationsbedingt-evolutionären Entwicklung von Menschen und Hunden seit der Altsteinzeit ausgehen kann.

Das klingt plausibel, ist es aber nicht wirklich, wenn man genau hinschaut. Die detaillierten Ergebnisse des WSC widersprechen manchen Schlüssen der ungarischen Kollegen bzw. führten zu weitgehend anderen Interpretationen; etwa im Zusammenhang mit der Fähigkeit der Hunde, menschliche Zeigegesten zu verstehen, oder wie sich Wölfe und Hunde bei unlösbaren Aufgaben verhalten. Auch Wölfe „fragen" (siehe oben) Menschen um Hilfe, wenn sie bei einer Aufgabe an ihre Grenzen stoßen; sie sind bloß ausdauernder als Hunde, bevor sie sich an ihre Menschen wenden. Zudem zeigen die Details, dass einander Menschen und Hunde bezüglich ihrer geistigen Leistungen und sozialen Organisation doch nicht so im Detail ähnlich sind, wie es im groben Überblick erscheint. Meine WSC-Kolleginnen Friederike Range und Sarah Marshall-Pescini

Man lebt und arbeitet am Wolfsforschungszentrum eng zusammen:

Kurt Kotrschal trabt gemeinsam mit Rudelchef Kaspar auf einem der größten Laufbänder der Welt.

Nach einiger Zeit auf dem Laufband hört Kaspar das Signal der Trainerin, steigt ab und wird belohnt.

Marianne Heberlein, Ph.D der Universität Zürich, Cheftrainerin und seit 2021 wissenschaftliche Leiterin am Wolfsforschungszentrum, beim Flaschenfüttern eines schon ziemlich großen „Wolfsbabys“.

(2022) schlagen daher alternativ das Sozialleben und die geistigen Leistungen von Wölfen als Modell für die Menschwerdung vor. Aber auch dieser Vorschlag erscheint problematisch, verkennt er doch die Ratio hinter den Argumenten für den DBC – die Parallelen zwischen der Domestikation der Wölfe zu Hunden und der „Selbstdomestikation" des Menschen. Das würde bedeuten, das Wildtier Wolf als bestes Modell für die menschliche „Selbstdomestikation" zu akzeptieren, was nicht sonderlich schlüssig erscheint – außer man geht davon aus, dass auch die modernen Wölfe durch eine Art Selbstdomestikation über zwei Millionen Jahre aus ihren weniger kooperativen Vorfahren entstanden. Das ist nicht unmöglich, bleibt aber im Moment reine Spekulation.

Selber sehe ich die Sache entspannt. Selbstverständlich zeigen sich starke Parallelen zwischen dem Sozialverhalten und den geistigen Leistungen von Wölfen und Menschen, auch zwischen Hunden und Menschen und natürlich auch zwischen Wölfen und Hunden. Darauf beruht ja schließlich auch das alte Bündnis mit dem Wolf, welches uns den Hund bescherte. Man sollte aber sehr vorsichtig bleiben, daraus weitreichende allgemeingültige Prinzipien abzuleiten – oder gar Hunde oder Wölfe zu Modellsystemen für das bessere Verständnis der menschlichen Natur zu erklären. Das mag im Detail zutreffen, man sollte sich die Details zunächst aber genau ansehen, ohne sofort weitreichend zu verallgemeinern. Damit erweist man weder der Forschung an Wölfen und Hunden noch jener am Menschen einen guten Dienst, sondern bereitet den Boden für wissenschaftliche Mythen und über Medien popularisierten Unsinn – der sich dann in den Köpfen der Leute einnistet. Tatsächlich ist die Wissenschaft daran nicht ganz unschuldig in ihren Versuchen, aus dem Elfenbeinturm auszubrechen. So versuchen immer mehr Kolleginnen und Kollegen, ihre Ergebnisse an allen möglichen Organismen und

Prinzipien als relevant für den Menschen darzustellen. Dies ist meist nicht falsch, vereinen doch Menschen in sich eine erhebliche Querschnittssumme evolutionär entstandener Mechanismen und Prinzipien. Das gilt auch und vor allem für die Individualentwicklung, die Physiologie und die Funktion des Nervensystems.

Oft genug aber ist dieser Anspruch auf unmittelbare Relevanz aller möglicher Ergebnisse für den Menschen erheblich überdehnt und dient als Waffe im Kampf um Aufmerksamkeit, Bedeutung und letztlich Forschungsmittel. Täglich vermittelt die Wissenschaftsberichterstattung in den Medien solche Verheißungen für die Zukunft. Die „Zuspitzungen" kommen teils von den Forschenden selber, teils besorgen dies die Journalistinnen und Journalisten, ist ja auch ihr Geschäft. Man erinnere sich etwa an das „Human Genome Project" von Luigi Luca Cavalli-Sforza, James Watson und vielen anderen. In dieser epochalen, vorwiegend US-amerikanischen Anstrengung begann man 1990, das menschliche Genom zu entschlüsseln, über Jahre und unter Einsatz von vielen Millionen Dollar. Versprochen wurde zunächst das Paradies: Dass man fast alle Gesundheitsprobleme in den Griff bekäme, kenne man erst im Detail den genetischen Code des Menschen. Dieses Projekt führte zu gewaltigen wissenschaftlich-technischen Fortschritten. Heute sequenziert etwa eine einzige Maschine über Nacht sehr preisgünstig die Genome Dutzender Menschen oder anderer Tiere. Dennoch wurde das ursprüngliche Versprechen nur in Ansätzen erfüllt, auch weil man zunehmend die Bedeutung der Epigenetik in der Entstehung von Merkmalen erkannte – denn was aus Genen entsteht, hängt von deren Interaktion mit der Umwelt ab. Dieser Kampf um wissenschaftliche Bedeutung ist menschlich verständlich, im Grunde aber fahrlässig und gefährlich. Er nährt aber auch eine zunehmende Wissenschaftsskepsis, die heute sogar die

Grundfesten der liberalen Demokratie erschüttert, in der bekanntlich Entscheidungen faktenbasiert fallen sollten. Die Bedeutung von Wissenschaft speist sich aus ihren Ergebnissen, nicht aber aus Heilsversprechungen.

Kurt Kotrschal mit der dreijährigen Eurasierhündin Lilly

Kapitel 4

Zur Zukunft von Wölfen, Hunden und Menschen

Das Ende der Menschheit ist weder eine erfreuliche Zukunftsaussicht noch ein passendes Ende für dieses Buch. Andererseits sind Optimisten bekanntlich bloß schlecht informiert. Daher verbietet sich ein „Alles wird gut"-Schluss. Aber Zukunftsprognosen liegen den der Objektivität verpflichteten Wissenschaftlern nicht besonders – und die es versuchen, liegen oft dramatisch falsch. Angesichts der Komplexität der gesellschaftlichen Realitäten wird man mit einem bloßen Fortschreiben der Trends scheitern. Die Zukunft wird Neues bringen, für Mensch, Wolf und Hund, wir werden es wissen, wenn es so weit ist. Aber weil Menschen ebenso zukunftsvergessen wie zukunftsversessen sind, finden wir auch die Frage spannend, wie es mit dem alten Beziehungsgeflecht zwischen Wölfen, Menschen und Hunden weitergehen könnte. Darum möchte ich mich hier um ein wenig informierte Spekulation nicht drücken. Die Welt, also das Schicksal von Biosphäre und Mensch, steht auf des Messers Schneide. Es kann in wenigen Generationen grausam schiefgehen. Aber noch könnten wir es schaffen, uns am eigenen

Schopf aus dem Sumpf zu ziehen, indem wir auf ein tatsächlich nachhaltiges Wirtschaften im Einklang mit den noch existierenden Resten der Natur umsteigen.

Hunde werden jedenfalls wichtig bleiben, solange es Menschen gibt. Denn wirklich grundlegende Veränderungen der menschlichen Natur gab es seit der Altsteinzeit nicht, warum also sollten diese in den kommenden Jahrhunderten eintreten? Natürlich schufen technische Innovationen immer wieder neue Rahmenbedingungen für die Entfaltung dieser Natur, wie im Moment gerade in ungeheurem Ausmaß die digitale Revolution; sie bietet sowohl Chancen als auch Risiken, die wir in Ausmaß und Bedeutung noch gar nicht voll durchschauen. So machte etwa das Smartphone aus zwei Dritteln der Menschheit Fotografen. Computer, künstliche Intelligenz, Mensch-Maschine-Schnittstellen etc. schaffen ganz neue Möglichkeiten für Geist und Kreativität – im Positiven wie im Negativen. Das alles können Hilfsmittel für die Rettung der Biosphäre sein, oder aber dazu beitragen, noch rascher als bisher in den Abgrund zu rasen – es ist letztlich unsere Entscheidung.

Es scheint, als würden Hunde oder gar Wölfe wie die Natur generell, durch diese neuesten technologischen Entwicklungen immer weiter aus Leben und Aufmerksamkeit der Menschen verdrängt. Aber man soll sich nicht täuschen und diese Rechnung ohne die „biophile" Natur des Menschen machen. Was fotografieren die Leute mit ihren Smartphones, welche Bilder und Videos verschicken sie an ihre Freundinnen und Freunde? Neben sich selbst und anderen wichtigen Menschen sind es vor allem Bilder von Natur und Tieren. Es ist also nicht damit zu rechnen, dass für die Menschen der Zukunft die Bedeutung der Hunde und der Natur generell abnehmen wird; im Gegenteil, je weniger Natur, desto weniger können zwar die Leute etwas damit anfangen, desto mehr aber schaffen sie sich ihre eigenen, idealisierten, oft kommerzialisierten Vorstellungen von Natur. Sie werden Tiere, vor allem die Hunde, mehr denn je brauchen, etwa um seelisch in Balance zu bleiben. Bereits heute zeigt sich, dass mit der weltweit zunehmenden Verstädterung und der verwestlichenden Gleichschaltung der Lebensstile nicht weniger, sondern mehr Hunde gehalten werden. Ganz sicher aber werden diese Hunde und darüber hinaus Tiere und Natur noch mehr „vermenschlicht" werden, als das heute schon der Fall ist. Was aber nicht so tragisch sein muss, wie es klingen mag. Als Menschen können wir uns eben nur über bestimmte soziale Mechanismen mit den Dingen und anderen Lebewesen auf dieser Welt in Beziehung setzen.

Und sollten die Menschen ganz oder teilweise am eigenen Genie – oder der eigenen Unfähigkeit, je nach Sichtweise – zugrunde gehen, dann werden uns die Hunde überleben. Die zahlreichen menschenfern lebenden Hunde dieser Welt sind enorm anpassungsfähig; sie überleben jedes Armageddon und würden gemeinsam mit zahlreichen nicht totzukriegenden Pflanzen, den Ratten, Ameisen und vielen anderen Generalisten eine neue Biosphäre schaffen. Und wahrscheinlich würden auch ein paar Wölfe überleben, die zwar etwas anders als die Hunde, aber doch zu den anpassungsfähigsten aller Überlebenskünstler zählen. Kennen Sie übrigens den? Treffen einander zwei Planeten. Fragt der eine die Erde, wie es ihr geht. „Nicht gut, ich habe Menschen", sagt die Erde. Darauf der andere: „Das geht vorbei."

Im Einklang mit diesem bedenklichen Witz wäre das Negativszenario eine weitere rapide Verschlechterung der ökologischen Verhältnisse, des Klimas, der Biodiversität, eine weitere Eutrophierung der Gewässer und Versauerung der Meere. Das würde immer mehr Menschen das Leben immer schwerer machen, immer mehr Opfer fordern, Konflikte anheizen um Boden, Wasser, Lebensraum etc., die weltweiten Flucht- und Wanderbewegungen verschärfen und die Wahrscheinlichkeit von verheerenden Kriegen erhöhen. Unter Einbeziehung von Atomwaffen übrigens, deren Gebrauch aus mancherlei Gründen wahrscheinlicher wird. Das würde sofort viele Tote und Verletzte bedeuten und Klima wie Biosphäre kippen lassen, zumal Militär und Kriege zu den potentesten Klimakillern zählen. Bedrohliche Zeichen an der Wand sind etwa die steigenden Spannungen zwischen China, Russland und anderen Staaten. Tatsächlich erinnert die gegenwärtige Stimmung auf der Welt an jene vor dem Ausbruch des Ersten Weltkriegs.

Wir sehen eine beunruhigende, zunehmende Polarisierung zwischen wenigen sehr Reichen und vielen, die wenig haben. Auch in Form der nicht demokratisch legitimierten Verfügungsgewalt weniger über die Daten der Menschheit, über die Entwicklung der Hochtechnologie und über medizinisch-genetische Manipulationsmöglichkeiten, derer sich wiederum nur kleine Minderheiten bedienen werden. Unser momentanes System kippt dann ins völlige Scheitern, wenn es in den ersten Jahrzehnten des 21. Jahrhunderts nicht gelingt, die liberale Demokratie als einzige gesellschaftliche Organisationsform mit hinreichend Problemlösungskapazität weltweit durchzusetzen und zur Lösung der großen Probleme multilateral zu kooperieren. Danach sieht es ob des Vormarsches autoritärer Systeme aber leider nicht aus. In den sich immer stärker abschottenden Blöcken und Nationalstaaten blenden die starken Männer. Aber die haben bekanntlich immer nur ihre Clans und ihre Klientel bedient, sie sind weder fähig noch willens, die globalen Probleme anzugehen. Nur die wenigsten erkennen, dass sie damit den Ast absägen, auf dem sie selber sitzen. Weltweit finden sich genügend Beispiele für solch populistische Zukunftsverweigerung.

In diesem Szenario wären die meisten Menschen ohnmächtige Passagiere, die Hunde, Wölfe und der Rest der Biosphäre sowieso. Kommen diese Prozesse erst voll Schwung, triggern sie Kipppunkte und sind sie kaum noch aufzuhalten. Darum führt kein Weg an starken Bürgergesellschaften vorbei, die die liberal-demokratischen Systeme und die ökologische Wende tragen. Die Chancen dafür stehen gar nicht schlecht, obwohl wir beim Klima und der Biodiversität bereits tief in den Abgrund blicken. Das 1,5-Grad-Ziel wird wohl nicht zu halten sein. Aber Jammern oder gar das Heraufbeschwören einer zynischen Endzeitstimmung bringt gar nichts. Zumindest erkennen die meisten Leute, einschließlich der politisch Verantwortlichen und Wirtschaftstreibenden weltweit, dass es so nicht weitergehen kann. Man beginnt zu reagieren, die Wirtschaft, wie es scheint, rascher als die Politik, es geht allerdings immer noch viel zu langsam. Daher braucht es eine sehr wache Zivilgesellschaft, die aufpasst, die vieles selber in die Hand nimmt und selber kräftig anschiebt. Eindrucksvoll das Engagement vieler junger Leute mit ihren sehr realen Zukunftsängsten. Nachlesen kann man diese Zusammenhänge zwischen der menschlichen Natur sowie der gesellschaftlich-politischen Organisation und der Problemlösungskapazität im Zusammenhang mit der ökologischen Wende in meinen beiden Büchern „*Mensch. Woher wir kommen. Wer wir sind. Wohin wir gehen*“ (2019) und „*Ist die Menschheit noch zu retten*“ (2020).

Auch lokal kann man viel tun, durch Anpassungen des privaten Lebensstils, indem man Gemeinden und Bürgermeister keine weiteren Flächen mehr versiegeln lässt, indem man auf einer ökologischen Landwirtschaft besteht und manch ewiggestrigen Bewaffneten nicht mehr erlaubt, die ökologisch und als Symbol der Wende so wertvollen Beutegreifer auszuradieren, auch nicht den Wolf. Diese Wende kann nur gelingen, wenn wir vom Nützlings-Schädlings-Denkschema wegkommen und die lange praktizierte Apartheid zwischen uns und den Wildtieren aufgeben. Wir müssen wieder lernen, miteinander zu leben, auch mit Wolf, Bär und Luchs. Mehr als andere Wildtiere erinnern uns dies Arten daran, dass sie neben uns Lebensraum benötigen, dass es langfristig nicht gutgehen kann, wenn der Mensch den Großteil der Landschaften auf der Welt für sich und sein ausschließlich gewinnorientiertes Wirtschaften nicht nur beansprucht, sondern monopolisiert. Um der großen Katastrophe auf Dauer zu entkommen, sind weltweit über 30 Prozent der Landflächen und 50 Prozent der Meere als Schutzgebiete zu widmen. Dort ist eine noch mögliche extensive Nutzung den Prozessen der Natur unterzuordnen. Das braucht es nicht nur aus den romantischen Gründen der Sehnsucht nach der heilen Welt. Vielmehr sind wir langfristig auf die Ökosystem-Services dieser Gebiete angewiesen, weil wir Teil der Biosphäre sind – auch wenn das unsere Technokraten noch nicht wahrhaben wollen. Wir benötigen die Fähigkeit dieser Ökosysteme, CO_2 zu binden, eine Diversität von Bodenleben und damit Lebensmittel und Trinkwasser zu gewährleisten. Wir brauchen den Fortbestand von Insekten und anderer Organismen. Sie bilden etwa die Nahrungsbasis der Vögel und anderer Wirbeltiere. Balancierte Ökosysteme schützen uns auch vor der Ernten vernichtenden Explosion weniger Arten und der immer rascheren Abfolge zoonotisch entstandener Pandemien.

Der Natur Raum geben, sagt der Verstand, weil wir nicht anders überleben können. Die Ökologische Wende ist ja zuallererst nicht der Sentimentalität geschuldet. Gleichzeitig fühlt sich der Plan gut an, uns wieder als Teil der Natur zu begreifen, mit dem uralten Gefährten Wolf zu leben, nicht gegen ihn. Fast wie unsere altsteinzeitlichen Vorfahren. Ähnlich wie bei uns modernen Menschen war deren Naturbeziehung zuallererst pragmatisch-rational, von der Notwendigkeit des Überlebens geprägt. Sie waren Menschen wie wir, daher auch für die Schönheiten der Natur empfänglich, ähnlich wie die modernen Menschen davon beherrscht sind, sich mit Natur und Tieren in Beziehung zu setzen – oder aber unglücklich zu werden. Vielleicht liegt darin ja der Kern ihrer animistischen Spiritualität. Jedenfalls würde es uns auch heute nicht schaden, den Dingen der Natur jenen Respekt zuzugestehen, den wir für uns selbst für so selbstverständlich halten.

Der Natur Raum geben, sie zu achten und als schönen Teil des eigenen Lebens zu sehen, ist der erste, notwendige Schritt in die Ökologisierung. Dabei geht es nicht um schrecklichen Verzicht, sondern um die Zuwendung zu den eigentlich schönen Dingen des Lebens. Das wird nicht unbedingt ein harmonischer Spaziergang. Den Weg der Nachhaltigkeit tatsächlich einzuschlagen, wird zuerst eine weitere Steigerung der Herausforderungen, Verunsicherungen und des Informationschaos um komplexe Vorgänge bedeuten. Er wird damit auch die reale Gefahr bergen, diesen Schwierigkeiten zum Opfer zu fallen, also auf diesem steilen Weg Verschwörungserzählungen anheimzufallen, oder mentale Probleme, wie Angststörungen und Depressionen, zu entwickeln. Auf diesem Weg in die Zukunft werden die Leute ein hohes Maß an psychischer Resilienz und wacher Ruhe benötigen.

Kontakt mit Natur, ein Aufwachsen mit Tieren, vor allem aber ein Leben mit Hund sind sozusagen soziale Ökosystemleistungen, die

Menschen in seelischer Balance halten können. Ein Grund mehr, warum uns die Hunde auch in Zukunft begleiten werden und uns helfen können, neue Brücken zu Wolf und Natur zu bauen.

Auf den ersten Seiten dieses Buches schrieb ich von einem Kreis, in dem wir uns seit der Altsteinzeit mit Wolf und Hund bewegen, der sich nun schließt. Aber eigentlich ist die Spirale ein treffenderes Bild des sich ständig entwickelnden Beziehungsgeflechts zwischen Wölfen, Menschen und Hunden. Das notwendige neue Zurück-zur-Natur und das Ringen um mehr Respekt vor dem Wolf und anderen Wildtieren bedeuten kein Zurück in die Steinzeit. Vielmehr wissen die Menschen, dass sie so wie bisher nicht weiter wirtschaften können. Damit ist auch ein neues Verhältnis zu Wolf & Co gemeint. Lasst uns dran arbeiten. Wieder einmal begleiten uns die Hunde in diesen notwendigen, wahrscheinlich einschneidenden Anpassungen an die neuen Verhältnisse. Wir werden sie brauchen, wie auch den Wolf. Wir sind die Kapitäne eines Schiffes auf schwierigem Kurs, aber wir sind dabei nicht allein.

Literatur

Exemplarische Auswahl zum Weiterlesen und als Wegweiser zu weiteren Quellen

Bautista, C. et al. (2019) Large carnivore damage in Europe: Analysis of compensation and prevention programs. Biological Conservation 235: 308–316

Dale, R., Marshall-Pescini, S. & Range, F. (2020) What matters for cooperation? The importance of social relationship over cognition. Scientific Reports 10: 11778; https://doi.org/10.1038/s41598-020-68734-4

Darwin, C. (1859) The origin of species. J. Murray. In gut lesbarer Übersetzung nach J. V. Carus (1899), erschienen bei Nicol (2008)

Dugatkin, L.A., Trut, L. (2018) Füchse zähmen. Domestikation im Zeitraffer. Springer

Feddersen-Petersen, D. (2014) Hundepsychologie: Sozialverhalten und Wesen-Emotionen und Individualität. Unimedica

Frank, H., Frank, M.G. (1982) On the effects of domestication on canid development and behaviour. Applied Animal Ethology 8: 507–525

Frantz, L.A.F. et al. (2016) Genomic and archaeological evidence suggests a dual origin of domestic dogs. Science 352: 1228–1231

Frantz, L.A.F., Bradley, D.G., Larson, G., Orlando, L. (2020) Animal domestication in the era of ancient genomics. Nature Reviews Genetics

Hackländer, K. (2020) Er ist da. Der Wolf kehrt zurück. Ecowin

Hansen Wheat, C. (2018) From wolf to dog; Behavioural evolution during domestication. Doctoral thesis in ethology at Stockholm University

Hartmann, K. (2018) Die grüne Lüge. Weltrettung als profitables Geschäftsmodell. Blessing

Heberlein, M.T.E., Manser, M.B. & Turner, D.C. (2017) Deceptive-like behaviour in dogs (*Canis familiaris*). Animal Cognition 20: 511–520; https://doi.org/10.1007/s10071-017-1078-6

Heurich, M., Schultze-Naumburg, J., Piacenza, N., Magg, N., Červený, J., Engleder, E., Herdtfelder, M., Sladova, M., Kramer-Schadt, S. (2018) Illegal hunting as a major driver of the source-sink dynamics of a reintroduced lynx population in Central Europe. Biological Conservation 224: 355–365

Jinag Rong (2008) Der Zorn der Wölfe. Goldmann

Jean-Joseph, H., Dooey, G., Kotrschal, K. (2022) Diurnal activity patterns of equally socialized and kept wolves (Canis lupus) and dogs (Canis lupus familiaris). In Druck

Joly, K. et al. (2019) Longest terrestrial migrations and movements around the world. Scientific Reports 9: 15333; https://doi.org/10.1038/s41598-019-51884-5

Kislinger, L., Kotrschal, K. (2021) Hunters and Gatherers of Pictures: Why Photography Has Become a Human Universal. Front. Psychol. 12:654474; doi: 10.3389/fpsyg.2021.654474

Kling, A. (2019) Unter Wölfen. Geschichte der Zivilisation und der Souveränität vom 30-jährigen Krieg bis zur Französischen Revolution. Rombach

Klinghammer, E., Goodmann, P.A. (1987) Socialization and management of wolves in captivity. In H. Frank (Ed.), Man and wolf: Advances, issues, and problems in captive wolf research (31–59). W Junk Publishers

Kojola, I., Hallikainen, V., Helle, T., Swenson T.E. (2018) Can only poorer European countries afford large carnivores? PLoS ONE 13(4): e0194711; https://doi.org/10.1371/journal.pone.019471

Kotrschal, A. et al. (2013) Artificial Selection on Relative Brain Size in the Guppy Reveals Costs and Benefits of Evolving a Larger Brain. Current Biology 23: 168–171

Kotrschal, K. (2012) Wolf – Hund – Mensch. Die Geschichte einer Jahrtausende alten Beziehung. Brandstätter

Kotrschal, K. (2014) Einfach beste Freunde. Warum Menschen und andere Tiere einander verstehen. Brandstätter

Kotrschal, K. (2018) How Wolves Turned into Dogs and How Dogs Are Valuable in Meeting Human Social Needs. People and Animals: The International Journal of Research and Practice 1: 1-18; https://docs.lib.purdue.edu/paij/vol1/iss1/6

Kotrschal, K. (2019) Mensch. Woher wir kommen. Wer wir sind. Wohin wir gehen. Brandstätter

Kotrschal, K. (2020) Ist die Menschheit noch zu retten? Gefahren und Chancen unserer Natur. Residenz

Krause, K., mit Trappe, T. (2019) Die Reise unserer Gene. Eine Geschichte über uns und unsere Vorfahren. Propyläen

Kubinyi, E., Virányi, Z., Miklósi, A. (2007) Comparative Social Cognition: From wolf and dog to humans. Comparative Cognition and Behavior Reviews 2: 26–46

Kruuk, H. (2002) Hunter and hunted: relationships between carnivores and people. Cambridge University Press

Kuijper, D.P.J., Churski, M., Trouwborst, A., Heurich, M., Smit C., Kerle, G.I.H., Cromsigt, J.P.G.M. (2019) Keep the wolf from the door: How to conserve wolves in Europe's human-dominated landscapes? Biological Conservation 235: 102–211

Kundera, M. (1984) Die unerträgliche Leichtigkeit des Seins. Deutsche Erstausgabe: Hanser

Linnell, J.D.C. et al. (2002) The fear of wolves. A review of wolf attacks on humans. – NINA Oppdragsmelding 731: 1–65

Linnell, J.D.C., Kovtun E., Rouart, I. (2021) Wolf attacks on humans: an update for 2002–2020. NINA Report 1944. Norwegian Institute for Nature Research

Lorenz, K. (1973) Die acht Todsünden der zivilisierten Menschheit. Piper

Lorenz, K. (1949) So kam der Mensch auf den Hund. Borotha Schöler

Marshall-Pescini, S., Schwarz, J.F.L., Kostelnik, I., Virányi, Z., Range, F. (2017) Importance of a species' socioecology: Wolves outperform dogs in a conspecific cooperation task. PNAS 114: 11793–11798

McGetrick, J., Range, F. (2018) Inequity aversion in dogs: a review. Learning & Behavior 46: 479–500; https://doi.org/10.3758/s13420-018-0338-x

Miklosi, A. (2007) Dog. Behaviour, evolution and cognition. Oxford University Press

Musiani, M. (2007) Differentiation of tundra/taiga and boreal coniferous forest wolves: genetics, coat colour and association with migratory caribou. Molecular Ecology 16: 4149–4170; doi:10.1111/j.1365-294X.2007.03458.x

Parker, H.G. et al. (2004) Genetic structure of the purebread domestic dog. Science 304: 1160–1164

Parker, H.G. et al. (2017) Genomic Analyses Reveal the Influence of Geographic Origin, Migration, and Hybridization on Modern Dog Breed Development. Cell Reports 19, 697–708; http://dx.doi.org/10.1016/j.celrep.2017.03.079

Perri, A.R. (2021) Dog domestication and the dual dispersal of people and dogs into the Americas. PNAS 118: 1–8; https://doi.org/10.1073/pnas.2010083118

Peterson, R.O. (2007) The Wolves of Isle Royale. A Broken Balance. The University of Michigan Press

Rao, A., Range, F., Kadletz, K., Kotrschal, K., Marshall-Pescini, S. (2018) Food preferences of similarly raised and kept captive dogs and wolves. PLoS ONE 13(9): e0203165; https://doi.org/10.1371/journal.pone.0203165

Rauer, G. et al. (ed.) (2012) Wolfsmanagement in Österreich. Grundlagen und Empfehlungen. Koordinierungsstelle für den Braunbären, Luchs und Wolf. Forschungsinstitut für Wildtierkunde und Ökologie, Veterinärmedizinische Universität Wien

Range, F., Viranyi, Z., (2014) Wolves Are Better Imitators of Conspecifics than Dogs. PLoS ONE 9(1): e86559; doi:10.1371/journal.pone.0086559

Range, F., Marshall-Pescini, S. (2022) Wolves and dogs: between myth and science. Springer

Reich, D. (2018) Who we are and how we got here. Ancient DNA and the new science of the human past. Oxford University Press

Salvatoria, V. et al. (2020) European agreements for nature conservation need to explicitly address wolf-dog hybridisation. Biological Conservation 284: 108525

Scott, J.P., Fuller, J.L. (1965) Genetics and the social behavior of the dog. University of Chicago Press

Shipman, P. (2015) The invaders. How humans and their dogs drove the Neanderthals to extinction. Harvard University Press

Shipman, P. (2021) How dogs became humans' best friends: from Neanderthals to now. A lively tale of evolution, domestication, migration and fellowship. Belknap

Smith, B.P., Litchfield, C.A. (2009) Review of the relationship between indigenous Australians, Dingoes (Canis dingo) and domestic dogs (Canis familiaris). Anthrozoös 22: 111–128

Topal, J., Byrne, R.W., Miklosi, A., Csanyi, V. (2006) Reproducing human actions and action sequences: "Do as I Do!" in a dog. Animal Cognition 9: 355–367; doi 10.1007/s10071-006-0051-6

Torretta, E., Serafini, M., Imbert, C., Milanesi, P., Meriggi, A. (2017) Wolves and wild ungulates in the Ligurian Alps (Western Italy): prey selection and spatial-temporal interactions. Mammalia 81: 537–551

Trumler, E. (1971) Mit dem Hund auf du. Agris

Ulmer, T. (2010) Der Hund in den Kulturen der Plains-Indianer. Tectum

Urquiza-Haas, E.G, Kotrschal, K. (2015) The mind behind anthropomorphic thinking: attribution of mental states to other species. Animal Behaviour 109: 167–176

Vasconcellos, A.d.S., Virányi, Z., Range, F., Ades, C., Scheidegger, J.K., Möstl, E., Kotrschal, K. (2016) Training Reduces Stress in Human-Socialised Wolves to the Same Degree as in Dogs. PLoS ONE 11: 1-19; e0162389; doi:10.1371/journal.pone.0162389

Wilkins, A.S., Wrangham, R.W., Fitch, W.T.R. (2014) The "Domestication Syndrome" in Mammals: A Unified Explanation Based on Neural Crest Cell Behavior and Genetics 197: 795-808; https://doi.org/10.1534/genetics.114.165423

Wilson, E.O. (2013) Die soziale Eroberung der Erde. Eine biologische Geschichte des Menschen. C.H. Beck

WWF (2020) Living Planet Report – 2020: Bending the curve of biodiversity loss. Almond, R.E.A., Grooten, M. and Petersen, T. (eds). WWF, Gland, Switzerland

Zimen, E.W. (1971) Wölfe und Königspudel. Vergleichende Verhaltensbeobachtungen. Piper

Zimen, E.W. (1988) Der Hund. Abstammung – Verhalten – Mensch und Hund. Bertelsmann

Eine Auswahl relevanter Links
ohne Anspruch auf Vollständigkeit

Allgemeine und länderbezogene Links

- Positionspapiere zum Artenschutz konfliktbeladener Wildtiere auf der Homepage der AG Wildtiere: https://ag-wildtiere.com/wildtiere/
- Zum Wolfsforschungszentrum: https://www.wolfscience.at
- Wölfe in Europa: https://www.lcie.org/
- Große Beutegreifer in Europa: Life Euro Large Carnivores: https://www.eurolargecarnivores.eu/de/

Wölfe in Österreich

- Österreichzentrum Bär, Wolf und Luchs: https://baer-wolf-luchs.at/
- https://www.wwf.at/tierarten/wolf/
- Uni Bodenkultur Wien: Hackländer et al.: Gutachterliche Stellungnahme zu den Auswirkungen von rückkehrenden Wölfen auf Landwirtschaft und traditionelle Weidehaltung, Freizeit- und Erholungswirtschaft, Jagd- und Forstwirtschaft sowie Biodiversität im Ostalpenraum: https://boku.ac.at/fileadmin/data/H03000/H83000/H83200/Publikationen/BOKU_Berichte_zur_Wildtierforschung_23.pdf

Wölfe in Deutschland

- DBBW: https://www.dbb-wolf.de/
- Gesellschaft zum Schutz der Wölfe (GzSdW) – eine wichtige Deutsche Wolfs-NGO: https://www.gzsdw.de/
- Euronatur: https://www.euronatur.org/unsere-themen/baer-wolf-luchs/woelfe-in-europa/
- NABU: https://www.euronatur.org/unsere-themen/baer-wolf-luchs/woelfe-in-europa
- Wolf in Bayern, NABU: https://www.bund-naturschutz.de/tiere-in-bayern/wolf

Wolf in Südtirol

- Provinzregierung:: https://www.provinz.bz.it/land-forstwirtschaft/fauna-jagd-fischerei/fauna/aktuelles-zum-vorkommen-von-baer-und-wolf.asp

- Eurac Research: https://www.salto.bz/sites/default/files/atoms/files/10-04-wolf-a4_de.pdf
- Zu Biodiversität, Natur und Umweltschutz in Südtirol: Artenschutzzentrum St. Georgen : http://biodiversitaet.bz.it/wolf/

Wolf in der Schweiz

- CHWOLF – eine wichtige Wolfs-NGO in der Schweiz: https://chwolf.org/woelfe-in-der-schweiz/wolfspraesenz/aktuelle-daten
- Gruppe Wolf Schweiz: https://www.gruppe-wolf.ch/Aktuelles.htm
- KORA: https://www.kora.ch/index.php?id=55
- 25 Jahre Wolf in der Schweiz: KORA-Bericht: www.kora.ch
- Zahlen und Fakten zu Wolf, Herdenschutz und neuem Jagdgesetz in der Schweiz: https://jagdgesetz-nein.ch/wp-content/uploads/2020/08/20200729_schafe_herdenschutz-und-wolfsrisse.pdf

Wolf in Amerika

- Wölfe im Yellowstone-Nationalpark: https://www.yellowstonepark.com/things-to-do/wildlife/wolf-reintroduction-changes-ecosystem/

Umfragen zur Akzeptanz der Wölfe

- WWF-Umfrage 2019 zur Akzeptanz des Wolfs in Österreich: https://www.wwf.at/wwf-neue-meinungsumfrage-zeigt-zweidrittel-mehrheit-fuer-den-wolf/
- „Kurier"-Umfrage 2017 zur Akzeptanz des Wolfs in Niederösterreich: https://kurier.at/chronik/niederoesterreich/niederoesterreicher-haben-keine-angst-vor-boesem-wolf/298.739.252
- Europäische Meinungsumfrage zur Akzeptanz der Wölfe: http://www.comres-global.com/polls/eurogroup-for-animals-wolf-protection-research/
- Zum Wolf in Südtirol: Eurac Research: https://www.researchgate.net/publication/332497188_ERHEBUNG_DER_EINSTELLUNG_VON_EINHEIMISCHEN_UND_TOURISTEN_ZUR_RUCKKEHR_DES_WOLFES_NACH_SUDTIROL

Herdenschutz

- EU-Herdenschutzprojekt Österreich, Bayern, Südtirol: LIFEstockProtect: https://lifestockprotect.info/

- EU-LIFE EuroLargeCarnivores: https://www.eurolargecarnivores.eu
- Österreichzentrum Bär, Wolf, Luchs zum Herdenschutz: https://baer-wolf-luchs.at/herdenschutz.htm
- Land Salzburg Info Herdenschutz: https://www.salzburg.gv.at/agrarwald_/Documents/Herdenschutz-A5-WEB.pdf
- LIFEstockProtect: Herdenschutz Österreich, Bayern und Südtirol: https://lifestockprotect.info/projektuebersicht/
- Arbeitsgemeinschaft Herdenschutzhunde e.V.: https://www.ag-herdenschutzhunde.de
- BfN Deutschland: Empfehlungen zum Schutz von Weidetieren und Gehegewild vor dem Wolf: https://gzsdw.de/bfn_empfehlungen_zum_schutz_von_weidetieren_und_gehegewild_vor_dem_wolf
- Land Sachsen: Schutzmaßnahmen vor dem Wolf: https://publikationen.sachsen.de/bdb/artikel/22053
- Deutsche Plattform Weidetierhaltung und Wolf: https://www.gzsdw.de/Nationalen_Herdenschutzzentrum_soll_eingerichtet_werden
- Schweizer Bundesamt für Umwelt, Vollzugshilfe Herdenschutz: https://www.bafu.admin.ch/bafu/de/home/themen/biodiversitaet/publikationen-studien/publikationen/vollzugshilfe-herdenschutz.html
- AGRIDEA, Fachstelle Herdenschutz Schweiz: http://www.protectiondestroupeaux.ch
- Verein Herdenschutzhunde Schweiz: http://www.hsh-ch.ch
- Herdenschutz Initiative: https://herdenschutz.info

Sonstiges

- Zur Rechtssprechung des EuGh zum Ansuchen Finnlands, Wölfe abzuschießen (2019): https://curia.europa.eu/juris/document/document.jsf?text=&docid=218935&pageIndex=0&doclang=DE&mode=req&dir=&occ=first&part=1
- Zur Jamnaia-Kultur: https://de.wikipedia.org/wiki/Jamnaja-Kultur
- Zu Mercosur: https://de.wikipedia.org/wiki/Mercosur
- Zur Biodiversitätskrise global: Living Planet Report WWF 2020: www.wwf.at/living-planet-report-2020

Liebe Leserin, lieber Leser,

hat Ihnen dieses Buch gefallen? Wollen Sie weitere Informationen zum Thema? Möchten Sie mit dem Autor in Kontakt treten? Wir freuen uns auf Austausch und Anregung!
leserbrief@brandstaetterverlag.com

Brandstätter Verlag
Wickenburggasse 26, 1080 Wien
Telefon: 0043 1 512 15 430

Wir sagen Danke. Bleiben wir in Verbindung!

**Lassen Sie sich inspirieren.
Gute Geschichten, schöne Geschenkideen
auf www.brandstaetterverlag.com**

**Teilen macht Freude
#kurtkotrschal #derwolfundwir**

1. Auflage 2022

Papier: EOS Sonderextraweiß 115gr, 1,5fach Vol.
Designed in Austria, printed in the EU

ISBN: 978-3-7106-0597-0

Coverdesign & Satz: Buero Blank, Caroline Plank-Bachselten
Lektorat: Teresa Profanter
Projektleitung: Judith E. Innerhofer

Bildnachweise: Gianmaria Gava: 16, 132/133, 223; Joe Klamar / picturedesk.com: 194; Holly Kuchera / stock.adobe.com: Cover; Kurt Kotschal: 16, 17; LIFEstockProject: 110; Louise Murray / Science Photo Library / picturedesk.com: 179 (2); Herbert Neubauer / picturedesk.com: 218; Hans Klaus Techt / picturedesk.com: 178 (2); Walter Vorbeck: 14, 15 (2), 17, 179, 186, 194, 195, 196, 197 (2), 218, 219, Nachsatz.

Der Inhalt dieses Buchs wurde auf hochwertigem, FSC©-zertifizierten Naturpapier gedruckt. Dieses Papier trägt darüber hinaus ein Zertifikat auf dem Cradle to Cradle Certified® Silver Level.
Das Forest Stewardship Council® ist eine internationale Nichtregierungsorganisation, die weltweit eine umweltfreundliche, sozial gerechte und wirtschaftlich tragfähige Bewirtschaftung der Wälder fördert. Cradle to Cradle® zielt auf ein ökologisch verträgliches Wirtschaften in sich wiederholenden Rohstoff-Produkt-Kreisläufen ab. Für die Druckproduktion und Endfertigung wurde auf umweltfreundliche, ressourcenschonende und schadstofffreie Produktionsweisen und Materialien geachtet. Die Druckerei ist FSC© und PEFC™-zertifiziert, regelmäßige Audits erfolgen im Rahmen der internationalen Umweltmanagementnorm ISO 14001 (Nr. 35025/C/0001/UK/En).
Diese international anerkannten, unabhängigen und regelmäßig überprüften Standards gewährleisten eine umweltgerechte, sozial verträgliche, nachhaltige und ökonomisch tragfähige Nutzung entlang der gesamten Wertschöpfungskette Holz, vom Baum bis zum Buch.

FSC www.fsc.org MIX Papier aus verantwortungsvollen Quellen FSC® C010798

Gemeinsames Heulen verbindet und trägt über viele Kilometer, wie hier bei Shima, Aragorn und Kaspar (von links).